大师精华课系列

心理学原来很有趣

16位大师的精华课

陈玉新 著

PSYCHOLOGY
IS VERY
INTERESTING
THE ESSENCE OF 16 MASTERS

清华大学出版社
北京

内容简介

本书主要围绕生活中经常出现的心理学问题，选取了16位享誉世界的心理学名家，把他们的观点以一种通俗易懂、饶有趣味的方式介绍给读者。本书以课堂演讲的方式，让读者通过各位心理学导师讲解自己关于各类心理学命题的看法获得新知。在观点方面，本书更加注重读者的理解应用。因此，本书非常适合对心理学感兴趣，以及想要了解心理学基本知识的读者。

本书封面贴有清华大学出版社防伪标签，无标签者不得销售。

版权所有，侵权必究。举报：010-62782989，beiqinquan@tup.tsinghua.edu.cn。

图书在版编目（CIP）数据

心理学原来很有趣：16位大师的精华课 / 陈玉新著. — 北京：清华大学出版社，2019 （2024.11重印）
（大师精华课系列）
ISBN 978-7-302-51215-8

Ⅰ.①心… Ⅱ.①陈… Ⅲ.①心理学—通俗读物 Ⅳ.①B84-49

中国版本图书馆 CIP 数据核字（2018）第 211495 号

责任编辑：刘　洋
封面设计：徐　超
版式设计：方加青
责任校对：王荣静
责任印制：曹婉颖

出版发行：清华大学出版社
　　　　网　　址：https://www.tup.com.cn，https://www.wqxuetang.com
　　　　地　　址：北京清华大学学研大厦 A 座　　邮　　编：100084
　　　　社 总 机：010-83470000　　　　　　　　邮　　购：010-62786544
　　　　投稿与读者服务：010-62776969，c-service@tup.tsinghua.edu.cn
　　　　质　量　反　馈：010-62772015，zhiliang@tup.tsinghua.edu.cn
印 装 者：三河市东方印刷有限公司
经　　销：全国新华书店
开　　本：148mm×210mm　　　印　　张：8.875　　字　　数：204 千字
版　　次：2019 年 1 月第 1 版　　印　　次：2024 年 11 月第 11 次印刷
定　　价：59.00 元

产品编号：078563-01

序一

心理学是一门研究人类心理现象，及其影响下的精神功能和行为活动的科学，兼顾突出的理论性和实践性。

心理学包括两大领域，分别是基础心理学与应用心理学，其中涉及知觉、认知、情绪、思维、人格、行为习惯、人际关系、社会关系等许多领域的研究，同时也与日常生活的许多方面，如家庭、教育、健康、社会等相关联。

可以这么说，一方面，心理学尝试用大脑运作来解释个体基本的行为与心理机能，同时也尝试解释个体心理机能在社会行为与社会动力中的角色。

另一方面，心理学还与神经科学、医学、

哲学、生物学、宗教学等学科有关，因为这些学科所探讨的生理或心理作用会影响个体的心智。实际上，很多人文和自然学科都与心理学有关，人类心理活动其本身就与人类生存环境密不可分。

心理学家从事基础研究的目的是描述、解释、预测和影响行为。应用心理学家还有第五个目的——提高人类生活质量。这些目标构成了心理学事业的基础。

心理学是一门基础性学科，在研究心理学的基本理论时，更讲究其学科普遍适用的原则和方法。同时，心理学又是一门工具性学科，它在犯罪学、教育学、逻辑学、社会学等多个学科领域，都起到了基础性的作用。心理学的重要性，在这里也可见一斑。

面对"心理学"这个庞大的科学概念时，你是否感到手足无措，无从下手？听到心理学几个字时，你是否会感到困惑和迷茫？你是否觉得心理学是高高在上的东西？

其实，了解心理学并不难。心理学也能变得妙趣横生。《心理学原来很有趣》就是这样一本通俗的大众心理学读物。

本书主要围绕生活中经常出现的心理问题（或心理现象），选取了16位享誉世界的心理学名家，把他们的观点以一种通俗易懂又趣味横生的方式介绍给读者。

第一章，是著名心理学家、精神分析学派创始人弗洛伊德对于"做梦"这个常见现象的心理学解析。他用科学但不乏幽默的方式，为我们揭开了梦的面纱。

第二章，是心理学家巴甫洛夫对于反射行为的研究。他用各种来源于生活的小案例，帮我们解释了人的一些固化行为是如何产生的。

第三章，是行为心理学泰斗斯金纳对于人类行为的研究。读者将会在本章中看到斯金纳用他特有的理论对人类行为所作的剖析。他让我们明白，人类的很多固有行为其实都是生理本能在作怪。

在此之后，还有荣格对性格形成的研究，马斯洛对需求满足的讲解，费希纳对人类本能的剖析，艾宾浩斯有关记忆的研究，比奈有关智力的理论，施奈德对错觉的解析，霍尔对情绪的讲述，塞利格曼对快乐的揭秘，冯特关于恐惧心理实质的探索，罗杰斯对变态心理的追问，华生关于刺激的实验，斯泰博格对爱情的看法，以及津巴多对时间的研究。

16位心理学大师带我们逐一揭开了一系列心理现象的神秘面纱，让我们对人类的心理有了一次从头到尾的"参观"。

《心理学原来很有趣》能够引导每一位读者入门，不管是对心理学略知一二的人群，还是零基础的读者，本书都能让你读过之后，面对心理学不再望而生畏。

本书包含了心理学基础原理、常用术语、经典理论、专家介绍、性格特征、情绪特点、本能问题、条件反射、记忆与遗忘、联想与错觉、智力、时间、行为与刺激等内容，可以说包罗万象，是心理学爱好者的理想读本。

当前，心理学也面临了全新的形式。因此，对新出现的心理学问题，本书也为读者们做出了详细的解读，这是新形势下读者们的需要，也是对心理学的延伸和拓展。

此外，《心理学原来很有趣》还有六大特色：只讲心理学常识，以实用性为主；采用课堂教学手法，讲解心理学知识；给出有趣的心理学现象；将心理学专业术语化繁为简；深入浅出地解析心理学理论；配以图片，让读者更容易理解。

心理学是一门让人收获智慧与幸福的艺术。当你在社会交往的时候，最优先考虑的一定是心理学。因为心理学跟你的生活息息相关，无论是学习、工作，还是婚姻、社交等，心理学知识和原理无处不在。

《心理学原来很有趣》的重点不在于教授读者那些深奥的理论，或者让读者学会用繁杂的知识来分析心理问题，而在于逐步引导读者，让读者能像心理学家一样思考，用心理学家的思维去思考问题，用心理学方式去解决问题。

本书能让你学会选择，正确决策，理性生活。心理学是聪明人的选择，请翻开本书，开始你的心理学之旅吧。我们期待与您的更进一步的交流！

序二

夏楠是心理学专业大二学生。每天的活动场所除了宿舍、食堂,就是教学楼。这种三点一线式的生活方式让他有些百无聊赖。

一日,夏楠的同学张栋兴叫他来医院一趟。夏楠有些惊讶:这小子莫不是生病了?

到了医院,看见生龙活虎的张栋兴,夏楠一脸黑线:"你叫我来干吗啊?"

张栋兴一脸神秘:"别说话,我带你去个地方。"

夏楠被张栋兴连拖带拽地弄到医院的心理咨询科,但是在几个科室的门前都没有停下,而是一路来到地下一层。幽暗的灯光让夏楠联想到了恐怖电影中的场景。

"你到底带我去哪里啊?"夏楠忍不住

问道。

张栋兴笑容满面地推开一扇大门:"看在咱俩多年同学,你又学心理学专业的分上,我才带你来的,这是我无意中发现的秘密基地……"

大门一打开,略显嘈杂的声音立刻在夏楠耳边响起。定睛一看,夏楠才发现,这间地下大厅里竟然坐满了人。

大厅的正前方,站着一位神色严峻、胡须花白的教授。

这个人,夏楠再熟悉不过了。

因为几乎每本心理学的基础教材中都有他的照片——弗洛伊德。

看着夏楠惊诧的目光,以及快掉到地上的下巴,弗洛伊德老师忍着笑,故作严肃地点点头:"门口的同学,快进来坐好,我们的课程马上就要开始了……"

目录

■ 第一章
弗洛伊德讲"做梦" / 001

第一节　人为什么会做梦 / 002
第二节　潜意识让你这样去做 / 007
第三节　在梦里还能保持冷静吗 / 012
第四节　盗梦空间真实存在吗 / 016
第五节　失恋疗法 / 021

■ 第二章
巴甫洛夫讲"反射" / 027

第一节　巴甫洛夫把妹法 / 028
第二节　相亲时讨论什么话题最好 / 032
第三节　习惯是如何成为自然的 / 036

第四节 特殊的恋物癖 / 040
第五节 似曾相识是怎么回事 / 044

第三章
斯金纳讲"行为" / 049

第一节 抑制不住的网购 / 050
第二节 Flappy bird 为什么这么火 / 054
第三节 强迫症是怎么一回事 / 058
第四节 女汉子是如何养成的 / 062
第五节 你和顶皮球的海豚没什么区别 / 066

第四章
荣格讲"性格" / 071

第一节 为什么他们的人缘这么好 / 072
第二节 你有几个性格 / 075
第三节 羊群去哪儿了 / 080
第四节 多种多样的情结 / 084

第五章
艾宾浩斯讲"记忆" / 089

第一节 跟着艾宾浩斯老师背单词 / 090
第二节 遗忘曲线 / 095
第三节 真正的忘记是不存在的 / 099

第六章
马斯洛讲"满足" / 103

第一节　越有钱越不满足　/　104
第二节　得不到的永远在骚动　/　108
第三节　带你感受"高峰体验"　/　112

第七章
费希纳讲"本能" / 117

第一节　什么是类本能　/　118
第二节　自我实现　/　121
第三节　入世与出世　/　124

第八章
比奈讲"智力" / 131

第一节　智商比你多二两　/　132
第二节　像福尔摩斯一样去思考　/　136
第三节　智商低≠弱智　/　141
第四节　智商高≠天才　/　145

第九章
施奈德讲"错觉" / 149

第一节　你为什么要下意识地伪装　/　150
第二节　让你哭笑不得的错觉　/　154
第三节　那纵横驰骋的联想　/　158

第十章
霍尔讲"情绪" / 163

第一节　情绪心理学 / 164
第二节　最大的悲哀是无助 / 167
第三节　你的工作与你的情绪相符吗 / 171

第十一章
塞利格曼讲"快乐" / 177

第一节　快乐来自哪里 / 178
第二节　八个创造快乐的招数 / 182
第三节　婚姻从来都不是坟墓 / 187

第十二章
冯特讲"恐惧" / 193

第一节　内省实验法 / 194
第二节　不同的思维模式 / 197
第三节　宗教来自恐惧 / 201

第十三章
罗杰斯讲"变态" / 207

第一节　人往高处走 / 208
第二节　如何正确地给人提建议 / 212
第三节　代沟只是你不会倾听 / 216

第十四章
华生讲"刺激" / 221

第一节　微表情是否能透露内心 / 222
第二节　想让你成为什么，你便能成为什么 / 226
第三节　稀奇古怪的各种恐惧 / 230
第四节　环境造人 / 234

第十五章
斯泰博格讲"爱情" / 239

第一节　相爱容易相处难 / 240
第二节　你为什么会害羞 / 244
第三节　上瘾是怎么一回事 / 248

第十六章
津巴多讲"时间" / 253

第一节　你的时间观是什么样的 / 254
第二节　著名的监狱实验 / 258
第三节　哪个国家的人最乐于助人 / 261

参考文献 / 267

第一章
弗洛伊德讲"做梦"

本章通过5小节,用幽默风趣的文字、诙谐易懂的配图,为读者详细讲述了潜意识的心理作用。其中罗列了弗洛伊德的基本著作、名言名句,并对其进行了详细解读。适用于渴望了解潜意识,以及饱受失恋苦恼的读者。相信您阅读本章后,一定会有所收获!

西格蒙德·弗洛伊德（Sigmund Freud）

奥地利精神病医师、心理学家、精神分析学派创始人。

弗洛伊德是心理学界公认的开创者之一,他原本在维也纳综合医院担任医师,从事脑部疾病的研究与诊断工作。在工作中,他逐渐发现了医疗在身体疾病之外的应用,从而开启了对人类心理的研究。

弗洛伊德独立开创了潜意识研究新领域,促进了动力心理学、人格心理学和变态心理学的发展,奠定了现代医学模式新基础,为20世纪西方人文学科提供了重要理论支撑。

第一节　人为什么会做梦

夏楠刚坐定，弗洛伊德老师就开了口："前几年，一部名叫《盗梦空间》的电影自上映以来票房一路飙红，在全球各地都获得了一流的口碑，上映仅三周，其票房就突破 6 亿美元大关，是那一年当之无愧的票房冠军。莱昂纳多精湛的演技，也让全世界掀起了一阵做梦的狂潮。"

一位男同学点点头："不错，那段时间，我身边的很多人都特别痴迷有关解梦和盗梦的事情。"

弗洛伊德老师微微一笑："那么，你们知道人为什么会做梦吗？"

大家都陷入了思考。

弗洛伊德老师捧着一本《梦的解析》笑呵呵地说："想象一下这个场景：春风轻拂，樱花飘落，一个笑靥如花、倾国倾城的姑娘迎面走了过来。突然，一个身高八尺，长着一脸青春痘还带着一副牙套的男子冲进画面中，举起一盆仙人掌，单膝跪地大喊'×××，我爱你，你可以做我女朋友吗？'只见那姑娘翻了一个白眼，'做梦去吧你'，然后头也不回地转身走掉了。

"几千年前的原始时代，人类社会对世界的认知可谓少之又少，那时的人们习惯于把自己不理解的事物与神灵联系在一起。对他们来说，做梦是天上的神仙或者死去的人要以梦为媒介给他们一些指引抑或暗示。"

"可是，真的是这样吗？"夏楠问。

"当然不是，"弗洛伊德说，"在我这本《梦的解析》中，有我对做梦理论的解说——梦，是愿望的达成。"

夏楠问："可是，为什么我们的愿望要依靠梦去实现，而不是凭借自己的努力在真实世界中完成呢？"

弗洛伊德回答："这是由于这些愿望大多是被能力、道德或法律限制的，所以我们不能或者不愿在现实生活中去实现它们，于是最终我们的意识便将它们寄托在了梦境中。"

在弗洛伊德的世界观里，人的思想行为被定义为欲望与满足。吃喝拉撒睡都是欲望的一种，而且十分容易得到满足，但是还有另外一些欲望是不太容易满足的，梦便是这些不能满足的欲望的反射。（见图1-1）

> 在睡觉的时候，你总会梦到一些理解不了的事情，这时候你就要思考了，在清醒状态下，你到底有什么想都不敢想的欲望。

图 1-1　梦是欲望的反射

"举个简单的例子，一个人被判了无期徒刑，天天思念自己刚出生的小女儿和漂亮的妻子，那么对于他来说，这种见到家人的欲望是很难被满足的，所以没有什么比'越狱'，或者'家庭团聚'更好的主题适合他的梦境了。让我们再回到上文的那个例子。那个表白被拒绝的男生，非常有可能日后在梦中与那位姑娘携手白头。

"好了，经过之前的层层铺垫，现在，让我们来具体分析一下，人为什么会做梦。"

根据梦的内容与欲望的不同，弗洛伊德把梦的来源大致分为三种。

"第一种是白天产生了情绪波动，却因为一些外界因素而无法满足自己的意愿，把这种留有遗憾的意愿留到了夜晚去满足。这种意愿需要具备两个特点。第一，必须是被自己认可的；第二，意愿被外界因素抑制住了，没有实现。

"咱还是用那个痴情的一脸青春痘的男生来举例。假设，这个男生被心爱的姑娘拒绝之后，某一天他正垂头丧气地走在街上，一抬头，突然看到心上人和一个高富帅手拉手并排走在街上，两个人有说有笑，脸上洋溢着幸福的表情。不用想，咱们的男主角肯定十分愤怒，恨不得冲上去把那个情敌胖揍一顿。可他转念一想，自己过去之后很可能揍人不成反被揍。唉，君子报仇十年不晚，先回家制订一个作战计划然后再来吧。于是他咬咬牙恨恨地离开了。当天晚上，他就极其有可能梦到自己把那个高富帅给美美地揍了一顿，而且还在脸上踹了两三脚，真是大快人心。这就是我们常说的'日有所思，夜有所梦'。（见图1-2）

图 1-2　日有所思，夜有所梦

"揍人这种想法是被'痘痘男'承认又由于其他因素而抑制住的,进而这些没被实现的想法就成了他心底骚动的欲望,这种欲望就是我们说的第一种梦的来源。"

夏楠问:"那么,第二种呢?"

弗洛伊德:"第二种是有可能发生在白天,却遭到排斥,便留到晚上去实现的意愿。与第一种不同的是,第二种意愿是在自己意识到之后从意识中被驱逐出去,不被自己认可的。

"咱继续假设如下场景:那个倒霉的男主角心灰意冷地在街上漫步,一抬头,突然看到他的白雪公主和那个高富帅手拉手逛街。这次姑娘穿的是吊带小背心和超短裙,那风情万种的美看得'痘痘男'两眼直发光。这时,他的脑海里悄然冒出一个想法——立刻冲过去,推倒漂亮的姑娘然后暴风雨般地一阵狂亲。当然,这个龌龊且因此而有可能被胖揍的想法刚刚产生,就被他的意识给否决了。于是,男生又恨恨地走了。这天晚上,男生搞不好就会梦到女神和自己在亲热。这种被意识否定的欲望,就是刚才所讲的第二种梦的来源。"

夏楠崇拜地看着老师:"我觉得您说得非常有道理。那么,第三种呢?"

弗洛伊德清了清嗓子:"嗯,咱再接着举例说明:某天晚上,男主角躺在床上开始回想白天看到女神的情节,想着想着,他的注意力竟转移到了高富帅身上,他觉得'情敌'还挺好看的,而且温柔、细心、大方,有气质……他睡着了,并且梦到了自己和高富帅交往的情节。显然,这种想法相比于前两种更加不被允许,甚至连他自己都没有意识到其实自己喜欢的是男人。

"这就是无法突破潜意识系统,不能走进意识范围内的第三种愿望。通常情况下,第三种愿望只会在夜间出现。这也就解释了为什么有时候我们会梦到一些不易理解的东西。比如，一个害羞、不爱说话的女孩梦见自己在颐和园里放声高歌，或者自己变成了一条毛茸茸的小狗。这都是因为我们潜意识里的一些被我们抑制住或者未曾主观发现的意愿在梦中释放的结果。"

紧接着弗洛伊德老师又以讲故事的方式强调了另外一种特殊梦境。

在弗洛伊德很小的时候，他曾经做过一个特别神奇的梦。他梦到自己走进了一片茂密神奇的大森林，有会飞的天使姐姐在他身边唱歌，还有小精灵陪他玩耍。正在高兴之际，弗洛伊德突然想上厕所。可是他跑遍了整个森林都找不到公共厕所，最后实在坚持不住了，躲在一棵高大的松树后面解决了问题。

第二天起床后，他觉得屁股底下好像湿湿的，伸手一摸，放到鼻子底下一闻，原来是自己尿裤子了。

讲到这里，弗洛伊德老师尴尬地咳嗽了两声，赶紧解释，"不要笑，不要笑。这种情况是每一个人都经历过的，就是在夜间随机产生的欲望冲动，比如，想上厕所或者口渴。还有，相信每个人都有过听到闹钟而依旧睡过头的经历。有些时候我们会把外界的声音误认为是自己梦里发出的并试图在梦里找到合适的解释，比如，睡觉时听到敲钟的声音我们会梦到'钟'来使梦境合理化，又比如大家听到早起独特的闹铃或者感觉到早晨的阳光后，会开始做自己已经起床的梦。而上面所举的例子，也就是我刚才要说的一种特殊梦境的起源——外界的刺激。即在做梦时，经由外界生理信号刺激做梦者而导致做梦者潜意识将生理信号的信息编入梦境从而改变梦境。"

不得不承认，在弗洛伊德的帮助下，人类对梦境的认识有了一个很大的进步，尽管还有许多地方对于我们来说是未知的，不过最起码，现在我们知道了梦到想上厕所而尿床根本不是什么上天的指引，更不至于再像古人那样把一切梦境都和神明联系在一起。

第二节　潜意识让你这样去做

弗洛伊德老师走进教室，看了看满眼期待的同学们。

"在上一节有关梦的章节中，我们曾提到过一个词，叫作潜意识。很多人对这个词并不陌生，因为我们在莫名其妙地做了一些选择之后，往往会说'我也不知道为什么，潜意识让我这么去做的'。可是，究竟什么是潜意识呢？"

见同学们都在摇头，弗洛伊德说："作为提出潜意识概念的第一人，"鄙人应该是最有话语权的。

"在心理学中，与潜意识共同存在的另一个对立事物叫作意识。

"意识是指人类可以认知或已经认知到的部分，而潜意识自然就是指那些在正常情况下根本不能变为意识的东西，好比一些被我们压在内心深处而无从意识到的欲望。

"比如，'我是人'这句话是所有人都已经认知到的观点，所以被称为意识。而'我是一只从 M78 星球跑来拯救地球的野生奥特曼'这种想法就不容易被大众接受或者意识到，但是极有可能，它就潜藏于我们内心的深处却没有被我们发觉出来，这就是潜意识。"（见图 1-3）

为了更为全面地解释"潜意识"这个词，弗洛伊德引入了另外两个概念，"前意识"和"无意识"。

> 我就是潜意识，我是弗洛伊德的孩子，我存在于每个人的脑海里，我的使命是——替你们背黑锅！

图1-3　潜意识

"'前意识'和'无意识'都是潜意识的分支。'前意识'是可以通过回忆或者思考被我们召唤出来的。相比于'前意识'，'无意识'就比较杂乱无章，就像一只无头苍蝇在四处乱撞。"

看着同学们一脸茫然，弗洛伊德运用了一个比较好理解的比喻来解释人的意识结构。

"人的意识组成好比奢华的总统套房。在总统套房的最里面，有次序地坐着几个西装革履、文质彬彬、一表人才的'老大'，这就是我们的意识。而在总统套房的门口，则簇拥着一堆乱七八糟的人，他们拼了命地想挤进来。门口站着一个守卫，检测外面的这些人是否合格，能否进入。有的人尽管衣衫褴褛，但是好歹有个人样，就可以进入接待室等待下一步审查，这些人就是'前意识'。剩下的一些，喷火龙，食人花，狮身人面兽，皮卡丘，不知道是什么物种的，就是'潜意识'了。（见图1-4）"

图1-4　潜意识和前意识

"虽然潜意识是被排斥在意识门外的,但其实在很多时候,它们会偷偷地跑进来,干扰或者帮助我们的行为活动。我们会做一些奇怪的梦,或者说一些被称作'口误'的话,比如把两个人的名字说反,这些都可能是潜意识的表现形式。(见图1-5)因为非常有可能,我们的潜意识认为这两个人是相像或者相同的。"

> 口误的根源都是来自潜意识,如果你把同事小龙的名字叫成了小笼包,那你一定是饿了。

图1-5　口误是潜意识在作怪

夏楠问:"那么,我们的口误都是潜意识在作怪吗?"

弗洛伊德点了点头:"不仅仅是梦和口误笔误,在一些选择上,我们也会受到潜意识的影响。"

"一次午休,教室里的一个同学在跟另一个同学讨论一部新上映的电影。其中一个说'这部电影特别好看,主演的那个谁谁特别帅,男神啊,而且剧情惊心动魄的!'你坐在一边享受你的午饭,只是依稀听到了几个字眼,但你的潜意识已经认定了那部电影挺好看的。几天之后,你朋友约你去看电影。这时,你的潜意识就跑出来,'帮助'你理所当然地选择了那部电影。其实你早就忘记了那天午餐时听到的话,根本不知道为什么会这么做。"

同学们不由得点了点头,仔细回想了一下自己的生活,发现生活中有数不清的选择都是依靠潜意识做出的。

比如,对于不同牌子的商品的选择,上厕所选择的隔间,在餐厅时座位的选择，等等。当我们无法根据意识寻找到确切的答案，或者心中所想的"选哪个都差不多，随便选就好"时，潜意识就会出来代替我们做决定。这些选择并不是毫无根据的，它们都是生活中一些小事的反射，只不过身在其中的我们没有注意到而已。

夏楠突然举起手来："老师，我这里有一个案例！"

夏楠说："我十分喜欢看电视剧《爱情公寓4》，里面有一集好像就涉及潜意识。吕子乔被高薪聘请当励志师，把录制好的励志视频放到网上来帮助大众获得正向的心态。视频中，吕子乔一本正经，眼睛里满是坚定地大声朗诵'你是个处变不惊的女孩，小小的挫折不会影响你的妩媚，自信在你心中，而你在我眼中，记住，天使与你同在，你本来就很美'。

"这集的热播一时间给很多女孩儿带来无穷的正能量。一名职业白领穿着黑色一步裙，自信满满地朝公司走去，过马路的时候不小心被绊倒了，起身时裙摆被撕裂了一块。这一画面引来了周围路人的嘲笑。尴尬之中，女孩心中由于那段'你本来就很美'的剧情而产生的潜意识让她骄傲地起身，果断地把遮过膝盖的裙子沿着裂缝一下扯成超短裙，大步向前走去。丢下一旁看傻了眼的路人。"

弗洛伊德老师十分认同夏楠说的："由此可见，我们的潜意识会产生一些我们之前没有考虑到的办法或者观点，许多时候，它们会在我们犹豫不决时带给我们有益的帮助。"

说到这儿，突然有学生站了起来："既然潜意识这么厉害，那么我们干脆什么也别想了，就靠潜意识去做事，不是更好吗？"

弗洛伊德老师笑着说："提出这个问题的同学，不要那么着急下结论,这个问题的答案,我让夏楠帮我回答。"

夏楠接着说:"那就让我们继续听完刚才那一集的下半部分。吕子乔的室友张伟正处于爱情和事业的双低谷,不但女朋友跑了,而且他自己也被公司'请'回家反思自己的行为。无意之中,他看到了吕子乔录制的励志视频,于是彻夜温习这段视频。几天之后,当朋友们再看到他,他正裹着浴巾,敷着面膜。只见他一扭一扭地走到众人中间,跷着兰花指给自己泡蜂蜜水。吕子乔问他又吃错什么药了,他娇滴滴地说'你们男人真讨厌'。"

张伟的这一系列诡异行为的导火索就是吕子乔录制的那段视频,只不过伤心过度的张伟忘记了那些视频是专门为女性录制的。昼夜不分地长时间观看导致他的潜意识认为自己是一个柔弱、需要被保护的女性。最终使得一个阳刚之气十足的大男人'变成'了一个矫柔造作的小女孩。"

弗洛伊德看着发问的同学:"你听明白了吗?潜意识是可能会给我们带来一系列不必要麻烦的。如果单纯地凭借潜意识去做事,那好不容易从猴子进化成人的我们岂不是又要退回到当初,跟猴子一样,纯靠潜意识去吃饭,睡觉,哪天来兴致了还要跟隔壁的老虎叔叔单挑一下。"

"意识与潜意识的对立存在是生物选择进化的结果。说白了,意识好比冰山露出来的那个尖尖角,是经过严格筛选才形成的,而潜意识则是沉在水底的部分,更像是一个神秘大世界,什么奇珍异兽都能找到。只可惜,我们现在对人类的理解并不完善,若真能开发出运用潜意识的方法,那定是另外一种无穷的力量。"

此时,下课铃响起,弗洛伊德老师刚好讲完。

第三节　在梦里还能保持冷静吗

一早的课堂上，夏楠和同桌正在讨论他昨晚的噩梦。

夏楠："我梦见自己被人拿着刀子追杀，一路狂跑却又死活甩不掉背后的人。"

同桌："那么，你有没有想过回头和追你的人打一架呢？"

夏楠："是啊！为什么我不打个电话报警呢？为什么不转身跟他打一架？为什么不能冷静地想一想解决办法，而要毫无目的地四处乱撞呢？"

正在大家疑惑的时候，弗洛伊德老师站了出来："梦是人潜意识的表现形态，梦里的举动是被潜意识控制的。潜意识怎么可能冷静下来呢？"（见图1-6）

梦是人潜意识的表现形态，梦里的举动是被潜意识控制的。

图1-6　梦是被潜意识控制的

的确如此，自从弗洛伊德提出他的梦理论之后，人们对梦的研究一直未断过。可惜，弗洛伊德老师无缘看到在他离去以后，人们对于梦的新突破——清醒梦。

"清醒梦和白日梦不同。我们常说的白日梦是人们在清醒的状态下幻想一些不切实际的行为，比如：超能力，一夜暴富，屌丝追到女神，这些都是白日梦，是在非睡眠情况下发生的。

"而清醒梦是指做梦者能在睡梦中保持意识清醒的状态，拥有思考能力和记忆能力，甚至有的人可以清楚地知道自己身处于梦境中。

"通常情况下，清醒梦发生在睡眠中的无意识状态，不过也有可能会发生在临近入睡时，或者睡醒前。对于后两种情况，人的大脑会处于有意识的状态，可是身体却无法活动，这种情况被中国人称为'鬼压床'。"

"鬼压床？"很多同学都露出了不可思议的表情，"没想到老师您还是一个迷信的人呀！"

"当然不是！"弗洛伊德老师说，"'鬼压床'当然是不科学的，一些研究表明，这是大脑的一种自我保护状态。因为睡觉的时候，人的意识薄弱，思维不清晰，身体的随便移动是极其危险的。

"现实生活中，当我们进入睡眠后，我们身体的活动范围很小，可是在梦中，我们却可以真实地体验到跑步、走路，以及飞翔等感觉。当身体的运动被大脑抑制的时候，我们的意识感觉就会主观地被麻痹。

"尽管处于睡梦中，我们依旧可以感觉身临其境。这也就解释了为什么大部分的梦都不是清醒梦。多数情况下，由于梦中栩栩如生的画面和感觉，我们很难察觉到自己其实是在做梦，并且对自己梦到的东西深信不疑，不管它有多离谱。就好比当我们出现幻觉的时候，我们也常常会以为那就是真的。（见图1-7）

"但是，如果我们掌握了做清醒梦的方法，就可以在梦中随心所欲，就算梦境再怎样真实也可以使头脑保持清醒理智，甚至可以控制自己的梦境。"

图 1-7　梦与白日梦

"真的可以吗?"夏楠问。

弗洛伊德答:"很多人都表示自己曾经做过清醒梦,而且大多发生在童年。不过就算你没有做过清醒梦或者早已忘记类似的经历也不用担心,因为做清醒梦是可以通过日常训练培养出来的一种能力。下面,就教给大家一个新技能——如何在梦中保持冷静的头脑。

"掌握清醒梦的第一步就是要辨别出自己是否处于梦境中,现实测验就是一种常见的分辨方法。

"由于我们的一些举动在睡梦中得到的结果和现实生活中会不一样,所以我们要充分利用这一点,在清醒的时候练习一些技巧来帮助自己了解到自己正在造梦。比如,我们可以阅读一些文字,记住大致内容之后望向别处,过一会再阅读那些文字的时候如果发现内容改变,那就证明自己正处于梦境中。不光是文字,图片、手表上的时间等都可以成为检验的好办法。

"第二种办法就是按一下台灯开关或者照一照镜子。通常在梦境中,灯光很少会正常,而镜子中的影像都是十分模糊、扭曲的,甚至你会在镜子中看到不真实的东西。不光如此,我们还可以通过梦征象来辨认自己是否身处梦中,梦征象包括行动、背景和形状。

"当你或者你身边的人做了一些违背常理，抑或打破科学规律的事，例如你一出门看到满街的男女老少都穿着裙子出门，或者你能挣脱地心引力的束缚腾空飞起之类，不用想，你一定是在做梦。这就是从行动梦征象来辨认。

"背景梦征象是指你所处的地方或者你面对的情况非常诡异。形状梦征象是指做梦者或者其他梦中出现的角色的形状十分古怪，包括服饰、发型、体型之类的。还有，可能你还会看到不远处的自己和别人聊天，吃饭，等等。

"这些梦征象在梦中看起来很正常，但只要我们留意，就可以很好地帮助我们区分梦与现实。"

听到这里，有同学问："那么，就是这些了吗？"

弗洛伊德摇了摇头，接着说："然后，我们还需要一些技巧来引导出清醒梦，其中最简单的方法叫作清醒再入睡。为了增大获得清醒梦的概率，很多人会等自己身体十分疲惫时睡觉，然后设定好闹钟，让自己睡五个小时再起来，清醒一个小时后再入睡。这也就解释了为什么很多人早晨刚起床的时候可以清楚地记得梦里的内容。

"还有一种有效的办法就是周期调校技巧，即通过对睡眠周期的调整来培养在梦中的警觉性。假如你正常的起床时间是7点，那么某一天早上你调好闹钟5点半起床，起床之后对自己进行现实测试。如此重复训练一周，你的身体已经养成在5点半到7点之间保持清醒的习惯，并且会不由自主地为自己进行现实测试。

"除此之外，很多人还借助一些仪器，通过外界的刺激来帮助自己实现清醒梦。我们睡觉时听到的一些声音，眼睛接触到的灯光在梦中也会展现出来。引导清醒梦的仪器就是利用了这一点，当它感知到造梦者正在造梦时便会发出闪动的光线，而这些光线可能在梦中就变成了闪动的车灯,以此来提醒造梦者正处于梦境中。"

听了老师的讲解,有些同学开始跃跃欲试了。夏楠也打算晚上就试试老师讲的方法,看看能不能在梦里和心爱的明星来一场约会。

第四节　盗梦空间真实存在吗

"你是来杀我的吗?"

"我知道这是什么……"

"我之前见过,那是在很多很多年以前,在一个已经记不清的梦里,我见过他。"

"那个人有一些激进的想法。"

正当同学们聚精会神地看着夏楠和张栋兴的表演,远处传来了弗洛伊德老师的脚步声。

弗洛伊德清了清嗓子:"刚刚两位同学表演的是奥斯卡获奖电影《盗梦空间》中的经典对白,由莱昂纳多·迪卡普里奥主演的柯布带着一把枪和一枚精致的小陀螺,一身狼狈地出现在了斋藤的面前。在梦境中度过数十年的斋藤此刻已然变成一位白发苍苍的老人。没有人知道这么长时间的轮回中他经历过什么,他眼神空洞,死死地盯着那枚从未停止旋转的小陀螺。"

"莱昂纳多年轻的时候可真帅呀!"很多女同学低声自语。

弗洛伊德老师接着说:"这部电影剧情错综复杂,讲述的是一位名叫柯布的造梦师穿梭于现实与梦境之间,利用梦境来盗取一些重要信息的故事。

"剧中，柯布告诉我们，造梦者在梦中可以与别人的潜意识交流从而盗取别人的意识，还可以建造某些安全地方，比如银行、保险库或者监狱，意识会不知不觉将保密的信息放进去，然后进行入侵盗取。

"我曾经提到过梦是潜意识的一种表现，大家还记得吗？

"在梦中，我们所看到抑或是经历的许多东西都是潜意识的反射。由此可见，如果别人真的可以进入我们的梦中，的确是可以窃取一些我们的观点、想法或者秘密。（见图1-8）可是问题在于，别人想窃取的信息很难就是我们梦中可能会出现的信息。

如果我们可以让别人进入原本设定好的梦中，那么极其有可能我们就能窃取一些有用的信息。

图1-8 人的梦中确实隐藏着信息

"人们想去窃取的信息一般都是至关重要的，影响着企业存亡或者政局变动，价值至少上千万的机密。

"然而，根据我对梦的研究，人们做梦只不过是在夜晚满足自己白天由于各种因素的影响而未达成的欲望罢了。

"如果一个石油大亨的儿子白天刚刚参加完一场十分重要的期末考试，一直到晚上睡觉前，他都在思考自己试卷上的某一道数学题是不是算对了，那么晚上他的梦境百分之八十都是有关于这场考试的。"

夏楠突然站起来："我知道了，这时候，好不容易搞到盗梦者柯布的梦境分享仪器的那个窃贼，原本打算进入这位石油大亨儿子的梦中，查看一下他们家保险柜放哪里了，结果翻到的内容全部都是一元二次函数和隔壁同桌冒着生命危险传过来的小纸条。这样一来，窃贼岂不是竹篮打水？"

弗洛伊德老师赞赏地看着夏楠："对，就是如此。电影中柯布等六位盗梦者从来都是把要窃取的目标邀请到已经提前设定好的梦里面，而不是傻不拉唧地进入别人的梦中。"

"所以，如果我们可以让别人进入原本设定好的梦中，那么极其有可能我们就能窃取一些有用的信息或者像柯布那样在别人脑子里面植入一个观点。只可惜对于这方面，《盗梦空间》中并没有详细介绍。"

听到这里，同学们不怀好意地调侃弗洛伊德："如果科技足够发达，作为潜意识理论的先驱者和解梦大师的老师，不知道他当年是否会选择做一个盗梦者呢？"

弗洛伊德老师恨铁不成钢地答道："笨蛋，就算没有那些高端仪器，我们还可以催眠啊！"

"噢，对！当年的弗洛伊德可是特意拜高师学习过催眠术呢！"同学们恍然大悟。

弗洛伊德整理了一下领带，一本正经地说："我可是当年的三好学生，十佳青年，幼儿园时还拿过两朵小红花，才不会去做什么偷鸡摸狗的勾当。

"相比于电影中的那些盗梦，催眠术这种东西听起来好像还离我们的生活近一点。19 世纪，在钟表盛行的那个年代，许多心理医生在面对一些过于纠结或者迷失自我的患者时，就会从衬衫内侧掏出钟表放到患者眼前，开始振摆运动。有的时候，还会用温柔的声音描述一些画面，加快催眠进度。

"回想过去，放眼当下，尽管有据可查，可是催眠术这个词离我们的生活好像越来越远,已经成为一种类似神话的存在了。"

有同学问:"弗洛伊德老师,为什么今天没有人用催眠术去盗取信息呢?"

弗洛伊德:"这个,这个可能是因为科技发达,现在大家都改用手机看时间了,我们总不能来回晃手机吧。

"好了,让我们再回到《盗梦空间》这部电影中去。这部电影另外一个吸引人眼球的亮点就是结局。

"虽然柯布的妻子在梦境与现实中迷失了自己,以为自己依旧身处梦境之中,以至于跳楼身亡。而柯布也因妻子的死被驱逐出境,再也没看到自己的两个可爱的孩子。不过幸运的是,在斋藤的帮助下,他终于如愿以偿,回到了家人的身边。他再一次随手转起了那个小陀螺,然后就转身陪孩子去了。镜头也就锁定于此,陀螺永不停息地舞蹈,没有人知道它最后到底有没有倒下,也没有人知道柯布是不是依旧处于一个梦境中。

"在电影里,柯布曾讲到过,'我们做梦的时候,梦境是真实的,只有到醒来的时候才会意识到事情不对劲儿。每个人都不会记得梦从何而起,我们总是直接插入到梦中所发生的一切。'事实的确如此,我们都很少记得梦的开始。如此一想,其实我们每个人都不记得三四岁以前的事情,会不会是因为我们正处于一个梦境之中呢?"

有些同学已经被完全搞晕了,"难道真的如此吗?"

弗洛伊德老师笑着说:"另外一部好莱坞大片《黑客帝国》讲述的也是一个类似的故事:那时的社会已经被高科技所控制,拥有智慧的电脑在人类的脑海中创造出近乎真实的景象以及相对应的感知,让人类永远生活在梦境中并且毫无察觉。人类的身上被插着形态各异的管子来输入营养液,他们对真实世界一无所知,只是活在一个永远不会醒来的梦境中。（见图1-9）"

图1-9　盗梦空间

夏楠打断弗洛伊德老师："这两部电影尽管风格不同，看起来好像是天方夜谭，却又引人深思。那么，这种情况真实存在的可能性有多少呢？"

弗洛伊德："相信每一个人都经历过这样的事情：当自己在睡觉的时候，身边有人大声地说了一句话或者发出点什么声响，这些声音都会传入自己的梦中与梦境结合起来。显而易见，几乎没有哪个人在街上走着走着，突然听到天空中传来一句愤怒的吼声：'都几点了，你怎么还不起床！'

"而且在自己的梦境中，世界是可以按照自己的意愿来布置的，但是现如今，又有多少人每天祈求房价便宜点再便宜点，结果还是不如意，抑或是辗转反侧，追了好几年的女神最后落到了那个有钱大叔手里。很明显，我们活在一个现实、真实的世界中。

"或许真的有那么万分之一，或者亿分之一的可能性，我们现在活在自己的梦境中，不过那又何尝不是一种好事？因为那是我们自己的梦境，我们可以按照自己的意识来设置它。在自己的梦里面抢个银行，或者飞檐走壁当个蜘蛛侠，又何尝不是一种别样的乐趣？"

说到这里，弗洛伊德老师突然神秘地停顿了一下："好了，对于现实的探讨到这里都还是很令人喜悦的，喜欢好的结局的同志们请止步吧，直接读下一篇也挺好的。"

然后，他继续说道："其实，人们到现在依然无法拿出有力证据证明现实的存在。我们也有可能不过是某个人梦里微不足道的一小部分，某个可以被称为造物主的东西，他创造了这个梦，这种观点在电影《喜马拉雅星》里面得到了极好的展现。故事的最后，那个"神"醒了，于是世界毁灭。

"也有人针对《黑客帝国》里的桥段进行了推算，以目前最好的技术制造一个能模拟计算整个世界的电脑需要比地球还大的处理器，但实际上宇宙星空这些很占计算量的东西都不用这机器去时刻维持，这台计算机只用维持日常生活并在有人去做观测宇宙这样的'大事'时临时再去计算并反馈，抛弃了大量做无用推算的计算扇区，这就使得我们活在机器世界里的假设变成了可能。

"因为，这台宇宙机器只用去维持人类的日常生活，并用很少的计算量去把人们的质疑合理化就可以了，毕竟没有多少人会随时观测宇宙，或者抓住蛛丝马迹去质疑'现实'。"

第五节　失　恋　疗　法

张栋兴又失恋了！这已经是他第 35 次失恋了。他无精打采地坐在教室后排悲天悯人，没成想却被弗洛伊德老师看到了。

"残酷"的弗洛伊德老师非但没有安慰他,反而接着他失恋的话题开始讲起心理学理论来了。

"假设你被心爱的男朋友或者女朋友甩了,你会怎么办呢?找闺蜜或兄弟哭诉?暴饮暴食?还是立马找好下家,重新开始一段感情?这都是有可能的。由此可见,失恋的确有多种疗法。

"然而,同学们知不知道为什么人失恋会伤心难受,甚至长时间心情低沉呢?知不知道这些五花八门的失恋疗法全部出自我们自身的心理防卫机制呢?若想了解这些的来龙去脉,我们就不得不从我的本我、自我与超我理论开始讲起。"

"什么是本我、自我和超我理论?"同学们瞪大了眼睛。

"一个人的好坏成败永远离不开他的行为,而一个人的行为又深受他心理的控制。"弗洛伊德老师说,"意识到了这一点,我就提出心理可被分为三部分:本我,自我和超我。"(见图1-10)

图1-10 本我、自我和超我

"本我是一种人类与生俱来的动物本能,比如吃饭,喝水,排泄,睡觉和性。这种本能十分混乱,毫无理性,可以让我们忽略道德法律去做一些事情。

"超我则是经过批判和控制后的自我,像神一样按照道德良心去限制动物性的本能冲动。超我通常是在我们成长过程中依靠家人、老师的教育形成的。如果你在少年时接受的教育就是为所欲为，不顾道德标准地随地大小便，那你的超我和自我之间的差异将会非常小。

"不过，往往我们接受的教育都是非常高端大气上档次的。而自我就是本我和超我协调下的结果，它会根据周围环境来决定我们的行为方式，在理性和感性之间周旋，达到一种平衡。在这三者的相互作用下，我们的心理活动就产生了。

"当然，本我和超我的协调有时候并不是那么顺利，一个要往东，一个要往西，非常容易产生冲突。

夏楠问："如果不协调又会怎么样？"

弗洛伊德老师答："自我为了解决这种冲突，就会使用心理防卫机制。如果适当使用，本我和超我之间的冲突便会得到缓和，但若过度使用，则可能会因为我们长期拒绝面对问题而产生焦虑。防卫机制主要包括否认，反应结构，转移，压抑，投射，理想化，合理化，补偿，升华和退化情感，等等。"

说完，弗洛伊德老师问："一瞬间看到这么一长串陌生名词，有没有被吓到？"

"吓到倒是没有，但老师，这和失恋有什么关系呢？"

弗洛伊德老师做了一个少安毋躁的手势，接着说："别着急，我这就来解析一下怎么用它们来治疗失恋。

"面对失恋，本我痛苦无比，每天嗷嗷大哭，躲在家里不想上班，不想见人，不起床也不洗脸；超我则高贵冷艳，不屑一顾，觉得失恋而已嘛，有什么大不了的，要求我们释然，回到正轨。这样的冲突，防卫机制会怎么处理呢？

"'否认'会帮助我们避开那些让我们感到不愉快的事实，简而言之就是假装它没发生过。这也是一大部分人首选的失恋疗法——每天该上班就上班,该学习就学习,该吃饭就吃饭,好像从来没有谈过男朋友一样,这样一来,自然而然,也就避开冲突了。

"'反应结构'会让我们产生与我们内心真实想法相反的意识。比如说,一个其貌不扬、年过半百、智力低下、花心浮浅,还总爱无理取闹的抠脚大汉,命犯桃花地找了一个二十刚出头的白富美做女朋友。一个月后,白富美意识到自己犯了一个天大的错误,于是就把这个抠脚大汉给甩了。抠脚大汉难受得撕心裂肺,但当朋友问起他和白富美为什么分手的时候,他却会说,这女的配不上我。实际上,是他内心认为自己配不上人家。

"'转移'是将我们的情绪从危险物转移到安全物上面。举个例子:某理工男被某理工女欺骗感情,发现真相后他火冒三丈,恨不得分分钟剥了那女人的皮,抽筋饮血,可是上帝一样神圣的超我怎么可能允许这种事情发生呢?与本我协调之后,想出了一个权宜之计,就是买只毛驴送到餐厅里面把它的皮给扒了,而且边扒边骂'混蛋,我叫你骗我,我叫你骗我'!

"'投射'会把我们不快的情绪、动机、感情或者未完成的欲望转移到别人身上。比如,父母就常常逼迫孩子去实现自己当年未完成的梦想,而对于失恋,投射的表现就是被男神抛弃的小女生会买一只忠诚的小狗来陪伴自己,把自己对于前男友'不抛弃,不放弃'的愿望投射到小狗身上来获得满足。

"'理想化'会通过对事实的美化和扭曲来脱离压力事件,同时避开接受现实。也就是说,当一个人被甩后,其实他内心伤痛无比,但会安慰自己说,她一定是爱我的,和我分手只是因为她得了癌症,不愿意拖累我的青春罢了。琼瑶小说看多了的人往往都会有这类想法。

"'合理化'的定义比较抽象,让我们直接跳到应用环节。

某身材妖娆、气质优雅的女生被甩了，碰巧有一个综合条件比较差的男生一直在追她，追了两年多了，可惜名花有主，松土太苦，男生被女生拒绝了一次又一次。失恋后，女生告诉闺蜜，她突然觉得自己爱的不是前男友，而是那个追求她很久的男生，于是两个人便在一起了。其实，那女生不过是想找个替代品分散一下注意力，顺便气一气前男友罢了，却害怕自己的行为遭到朋友们的指责而不愿意说实话。

"'补偿'乃是因为无法达成某种目的，而选择另外一种行为。（见图1-11）举个例子：一个清新浪漫的小男生梦寐以求一份完美、甜蜜的爱情，不幸的是他屡次被甩，梦想从未实现。万般无奈之下，男生决定，既然女人不能给我想要的东西，我干吗不找个男人呢？从此，又一个gay诞生了。当然，这个例子有点夸张，也是非常罕见的失恋疗法，通常情况下，人们会通过暴饮暴食、疯狂购物等来获得满足感和幸福感。

补偿心理往往会导致一些普通人看起来匪夷所思的现象，比如，一个没有同性恋倾向的人突然变成了同性恋……

图1-11　补偿心理

"'升华'无疑是所有防卫机制里面最可怕的一种。自己感情不顺，便觉得全世界的男人都不是好人，全世界的爱情都是背叛，全世界的婚姻都是欺骗。"

最后，弗洛伊德老师做出总结："所以，我奉劝所有失恋的男男女女，不要因为一段感情的失败而心灰意冷，这个世界上的人很多，总有一个适合你的。是不是，张栋兴同学？"

同学们提醒道："老师，还有一个'退化感情'没有解释呢！"

弗洛伊德老师做了一个赞赏的表情，说道："'退化感情'是指我们的行为退化到幼年时期，出现类似吃手指、爱哭、极端依赖之类与年龄不符的幼稚行为。

"比如，我就有一个好哥们名叫威廉。有一次，威廉被一位女神甩了，跑到我家中，没完没了地哭。哭完了，还特别可耻地卖萌，说肚子饿，要吃东西，居然还要人喂他！

"一般失恋后出现这种症状的人，普遍内心比较脆弱，缺乏安全感。当他们被好不容易找来的安全感抛弃之后，如果遇到一个可以让他们依靠的人，潜意识会促使他们表现出和婴儿类似的依赖。

"上面列出的防卫机制只是冰山一角，还有很多种我们没有讲到。

"我虽然研究了这么多的失恋疗法，内心却还是真诚地希望有情人终成眷属。爱情需要宽容，如果彼此能够做到互相理解，坦诚相待，包容关心，可能也就没有失恋疗法这回事了。"

第二章
巴甫洛夫讲"反射"

本章通过5小节,详细解读了巴甫洛夫有关"反射"方面的心理学知识。同时,作者使用幽默诙谐的文字,给读者制造了一种轻松明快的氛围,让读者能在欢乐中增长心理学知识。本章适用于渴望学习心理学,以及渴望了解心理问题的读者。相信阅读本章,能对这部分读者有所帮助。

伊凡·彼德罗维奇·巴甫洛夫
(Ivan Petrovich Pavlov)

俄罗斯生理学家、心理学家、医师。

巴甫洛夫青年时醉心神学,后受科学和现代医学启蒙影响转而进行神经系统研究。

当时,人们尚未对神经系统有深入了解,在这种情况下,巴甫洛夫进行了各种开创性研究,其中最著名的就是载入心理学史册的条件反射实验。

通过一生的研究,巴甫洛夫让人们了解到神经活动的真实情况,他也因此成为高级神经活动学说创始人和高级神经活动生理学奠基人。

第一节　巴甫洛夫把妹法

弗洛伊德老师关于梦境的透彻解析，让夏楠赞不绝口。

看来张栋兴没有忽悠自己，地下一层的心理学课程真的很有用！今天又有哪位老师带来精彩一课呢？

正想着，同桌孙昱鹏拍了拍夏楠肩膀："嘿，你知道工科把妹第一弹吗？就是'巴甫洛夫把妹法'！"

夏楠摇摇头。

孙昱鹏解释道："就是你每天给你心仪的女同学的抽屉里放上精心准备的早餐，并且保持缄默，无论她如何询问，都不要说话。如此坚持一至两个月，当妹子已经对你每天的准时早餐习以为常时，突然停止送餐，她心中一定会产生深深的疑惑及失落，同时会满怀兴趣与疑问找到你询问，这时再一鼓作气将其拿下。"

夏楠听完哭笑不得："这不就是借鉴了不朽的科学家巴甫洛夫之'条件反射实验'吗？还取'巴甫洛夫把妹法'这么奇怪的名字！"

孙昱鹏心神往之地说："什么？巴甫洛夫竟然有如此高深的见解！如果我生在他那个年代，一定要聆听他的教诲！"

夏楠一笑："人类心理学上最著名的巴甫洛夫实验，居然能够被如此演绎，看来理科生中也不乏高情商的兄台啊！巴甫洛夫泉下有知，得知自己毕生的研究成果被后人用在了泡妞上面，不知他是会欣慰还是会觉得无厘头。你想听他的教诲简单啊，一会儿我就带你去。"

孙昱鹏一脸不信。夏楠立马拖着孙昱鹏,来到巴甫洛夫老师的课堂上。

张栋兴早早就来了,听完夏楠和孙昱鹏的对话,他咧嘴道:"其实我们仔细思考一下,心理学研究的目的不就是为了让我们在生活中应用吗?既然如此,那么把巴甫洛夫的条件反射实验用在泡妞上面,其实也算是相得益彰了。"

巴甫洛夫老师也对"把妹法"很感兴趣。他决定从自己的条件反射理论课程上,寻找出答案。

巴甫洛夫说:"动物在某种特定条件下会受到刺激,这种刺激会引起脑神经的反射,进而促使动物的身体表现出某种行为。那么,怎么印证自己的观点呢?"(见图2-1)

夏楠一撇嘴:"不会是'巴甫洛夫的狗'吧?"

果然,巴甫洛夫老师找来了一只狗,一只可怜的牧羊犬。

图 2-1　脑神经的反射

他在给这只牧羊犬喂食的时候,总是会不厌其烦地先摇一遍铃铛,然后不断观察牧羊犬看到食物时嘴边流下口水的样子。

巴甫洛夫老师说:"几个月过去之后,当我突然有一天不再喂食,而只是在狗的面前摇铃铛,这只可怜的牧羊犬以为食物马上就要到了,口水仍然在不停地流着,当流下的口水把家里的地毯全都弄湿之后,我的实验成功了。"

夏楠知道，巴甫洛夫老师将狗嘴里有口水流出看作是一个反射行为，而一边摇铃一边喂食给狗就是条件，在给狗喂食这个条件之下，反射成立了。（见图2-2）

巴甫洛夫老师说："条件反射研究给我们带来了怎样的启示呢？那启示便是我们想要对某个动物进行某种反射性训练时，可以用某种先决因素作为条件，经过长时间反复演练，让该动物对这一先决条件形成惯性，进而达到反射的目的。当然，人也是动物的一种。"

图 2-2　条件反射

孙昱鹏问："怎么来证明呢？"

巴甫洛夫老师举了一个最常见的例子：很多人都打过针，尖尖的针头在刺进臀部的一刹那，任谁都会绷紧肌肉。而为了消毒，医生们在打针之前总用酒精棉签擦拭一下要针刺的部位，长久下去，即便是十几岁的孩子在被酒精棉擦拭臀部的时候，都会瞬间把臀部肌肉绷紧。

"这就是条件反射！条件不仅仅可以指实际存在的因素，还可以指这因素外围的一系列其他因素。酒精棉擦拭屁股是和针刺结合在一起的，因而被酒精棉擦拭也就成了刺激人的条件之一，在这个条件下，人的臀部肌肉发生了紧绷。"

这个研究可以解释很多东西。譬如我们在看电影的时候，如果听到某段恐怖片里面经常出现的音乐，心跳就会不经意地加快，有些胆小的女人甚至会把手挡在眼前，透过指缝去看，这都是因为这段音乐经常伴随恐怖镜头出现，人对这段音乐形成了造成恐怖的一个条件，进而养成了条件反射。

"那么，条件反射这件事对于把妹有没有作用呢？"孙昱鹏还是没有忘记把妹。

巴甫洛夫摇了摇他大大的脑袋，愤愤地说："如果这能有效，那我自己早就把到一打妹子了！"

"为什么把不到妹子呢？"

"因为这反射根本就不存在嘛！"巴甫洛夫老师生气地说。

反射的存在必须是可以预见的，当你给妹子送早餐的时候，你必须要预见妹子有你所想要的反应——好奇、兴奋和好感。但真实的情况呢？妹子的反应根本就是你无法预见的。

如果你碰到了文艺一点的妹子，她可能会对莫名其妙出现在抽屉里的早餐产生好奇，进而对送餐的人产生好奇。

但如果你遇到一个奇葩一点的妹子，对于莫名其妙出现的早餐，她可能会想"这是不是谁在里面下了慢性毒药要毒害我"，一个有这样反应的妹子，你无论送多少早餐，其结果只能适得其反。

妹子的反射情况是不可预见的，条件反射就自然实现不了。

而且，条件反射的养成必须是不间断的，没有其他干扰的。摇铃铛给狗送食物、用酒精棉擦拭臀部打针、恐怖音乐带来恐怖画面，这都是没有干扰的。

如果某个二货导演在恐怖音乐过后播放的是儿歌《小蝌蚪找妈妈》，然后让人不间断地看这部奇葩电影很多次，那么这个条件反射的养成就受到了干扰。以后你再听到类似的恐怖音乐，想必是不会那么害怕了！

每天早晨的早餐是必然出现的，但妹子此时的情况却不是必然的：今天妹子有点饿，明天妹子就可能是吃饱饭之后才来上学的；今天妹子的心情好食欲也好，但明天妹子说不定正打算开始减肥。这就无法形成统一不间断的养成环境了，那么条件反射自然也就不成立了。

"那么，浪费了这么多的早餐就一点作用也没有吗？"孙昱鹏沮丧地问巴甫洛夫老师。

"也不是完全没有效果，在这个条件反射的养成上面虽然你失败了，但是我可以保证，校门口卖早餐的大婶只要一看到你的身影，就必然会露出灿烂的笑容！"巴甫洛夫坏笑着说。

第二节　相亲时讨论什么话题最好

"大家好，我是孟非，欢迎收看《非诚勿扰》。各位，您正在收看的是，江苏卫视 2014 年倾情打造的冲关类交友节目《非诚勿扰》，我们只提供邂逅不包办爱情，如果你还在单身，并且还期待一个完美的爱情，赶紧报名参加我们的节目。"巴甫洛夫老师笑意盈盈地说。

看着大家满脸无语的表情，巴甫洛夫老师尴尬地笑了笑："哈哈，别激动，我不是孟非，也没有现场直播《非诚勿扰》。不过，今天的课的确和大型相亲电视节目《非诚勿扰》有一定的关联。"

一说相亲，夏楠就一脸黑线。

时过境迁，原本合家欢聚、喜气洋洋的春节也变成了许多年轻人的头号烦恼，为什么呢？原因十分简单，因为只要春节一回家，七大姑八大姨都会纷纷围过来，接二连三，一遍又一遍地问你：结婚了吗？打算什么时候结婚呀？什么，还没有对象？阿姨可是过来人。跟你说句掏心窝子的话，别以为你现在还年轻，不着急，还能再等等。其实啊，时间过得可快了，一眨眼就啥都没了。到时候你人老珠黄就没人要啦。别再挑了。对了，前两天我买菜的时候遇到了西边的那谁谁,她家孩子我看就挺不错的,要不要给你介绍一下?感情是可以培养的,要不先留个手机号?……

不得不承认,当今社会,相亲已经变成了一种时尚,不光亲戚朋友会帮你介绍对象,相亲节目也成了电视台收视率的保障,相亲网站则更是来势汹汹。许多人的确通过相亲找到了自己人生中的另一半,但也有人对于相亲是一头雾水。说到此,大家不由得要问"相亲的时候到底该说些什么才能更有吸引力呢?"

张栋兴卷起一本书,把自己当成了主持人:"为了解决这个困扰大众多年的问题,我们今天特意请来了著名的巴甫洛夫老师作为嘉宾来为大家指点迷津,帮助大家早日取得真经,找到真爱。巴老师,请问如果您去相亲,您觉得讨论什么话题最好呢?"

巴甫洛夫老师也不客气:"我觉得吧,这得因人而异,萝卜白菜各有所爱,每个人感兴趣的东西不一样,要有针对性地去交流。但是,不论你跟谁交流,都要保证一点,就是话题得吸引人。"

这话的确不假,现如今,大多数人相亲都会以人生理想为话题,这种连小学生都知道的话题怎么能吸引女神男神呢?

一个人从小就看到电视里的男男女女坐在一起畅谈人生理想,而且她(他)遇到的异性也是如此,时间一长,下一次当她(他)再遇到有人问"您的人生理想是什么",我用巴甫洛夫老师的狗打赌,这个人的第一反应一定是"你俗不俗气",然后心中产生一系列的厌恶之情。

当然,不光是人生理想,诸如此类还有其他老掉牙的话题。为了在相亲对象心中留下一个与众不同的印象,应该抛弃那些陈词滥调换一些新鲜的话题。这方面,葛优葛大爷就做得不错。在电影《非诚勿扰》里面,葛优相亲的自我介绍是这样写的:

"你要想找一帅哥就别来了,你要想找一钱包就别见了。硕士学历以上的免谈,女企业家免谈(小商小贩除外),省得咱们互相都会失望。刘德华和阿汤哥那种才貌双全的郎君是不会来征你的婚的,当然我也没做诺丁山的梦。您要真是一仙女我也接不住,没期待您长得跟画报封面一样看一眼就魂飞魄散。外表时尚,内心保守,身心都健康的一般人就行。要是多少还有点婉约那就更靠谱了……"

在千篇一律的相亲帖子中,这样一篇幽默诙谐的文章一定会让人眼前一亮,留下深刻印象。

张栋兴:"巴老师,您刚才说要有针对性地去交流,对于这方面您能具体说说吗?"

巴甫洛夫:"这个主要是说要谈论能让对方产生美好联想的话题。举个例子,主持人你喜欢吃什么?"(见图2-3)

张栋兴:"我喜欢吃冰激凌。"

巴甫洛夫:"一般大家夏天才会吃冰激凌,所以当我说到冰激凌的时候,你的第一反应是什么?"

张栋兴:"就会觉得很清爽,祛暑。"

美好的联想会让人产生感官上面的反应。

图2-3 创造美好的联想

巴甫洛夫:"就是这个意思。大夏天,快40摄氏度的气温,一想到可以吃冰激凌,肯定心里会觉得特别舒服。但是如果冬天,零下十几度,你再这么一想,浑身上下就更冷了。"

人身体的条件反射系统会让我们根据别人嘴里说出来的词而产生感官上相应的反应。如果我们把这一点灵活运用在相亲上,那绝对是百发百中。

巴甫洛夫老师举例道：

假如，你去相亲，迎面走来的是一个打扮得粉粉嫩嫩，头发上系着一个蝴蝶结，穿着印花公主裙的小女生，那么你跟她聊附近哪条街新开了一家洋娃娃店，橱窗上就放着一个毛茸茸的泰迪熊，这样的话题一定会让她心花怒放，觉得你就是命中注定的那个人。

相反，你要是跟她说最近哪家电影院新上映了一部恐怖片，特别刺激，整个银幕都是鲜红的血，那她就会觉得你是心理变态。

不过，如果来的是一个一身朋克风，耳朵上戴着骷髅形状的耳钉，身穿黑色破洞的牛仔裤，头发五颜六色的女孩，这时，你跟她聊恐怖片就会引起很好的共鸣。

再如果，来的姑娘胳膊里夹着一本诗集，你上来说一句"北方有佳人，绝世而独立，姑娘家住北边我猜得对不对？"百分之百她会认为你就是她的知音。

所以，要根据对方的穿着打扮猜测她的喜好，聊对方感兴趣的话题会让她产生一些美好的反射。

再者，当眼力不好用的时候，就要依靠交流技巧。

比如，你可以提前在两家高档餐厅订好位子，一家主山珍，一家主海鲜。然后，假装随意地在聊天时询问对方海鲜、山珍和生鸡蛋更喜欢吃什么？

其实生鸡蛋不过是一个类比项，让对方感觉自己好像在一个看似大的范围内做选择。抛去选了不靠谱项吃生鸡蛋的奇葩，正常人就会在自认为是进行了自主选择的情况下选到你有准备的项目。

这时你就可以很开心地说："哎呦真巧啊，我这里恰好有某某餐厅的订位呢，你要不要一起来？"其实，这些都是你之前安排好的，但在对方的眼里，这却是"缘分"的象征。

除此之外，相亲时还要注意细节上的表现。你初见一女孩就三句不离你前女友，说你前女友哪里特别好，什么行为又不好，那她第一反应就是你还对别人念念不忘，聊不上两句肯定就分道扬镳了。

如果你遇到一姑娘的开场白是"你一个月工资多少？有没有车？买房了吗？几平方米的？"你心里一定会觉得她特别现实，碰巧这时候你刚被单位领导批评了，她的话就会引起你不好的情绪反射，就算这女孩再漂亮可爱，你也兴趣全无了。

巴甫洛夫老师笑着说："尽管我不能确定，当年我煞费苦心研究出来的条件反射是不是真的是为了相亲把妹用的，但我相信，只要学会巧妙利用我的条件反射理论，引起女孩对美好事物的条件反射，那么你离成功也就不远了。"

第三节　习惯是如何成为自然的

"你有没有注意到自己身上的一些小习惯，比如每次吃完饭之后都要抽一根烟，思考的时候喜欢摸鼻子，在公共场合发言的时候手会扶桌子或者不停地动，见面要给对方一个贴面礼，等等。"巴甫洛夫老师笑着问夏楠。

夏楠愣了一下，摇了摇头。

巴甫洛夫老师说道："不同的地域、不同的国家都有着不同的风俗习惯。所谓'百里不同风，千里不同俗'说的正是这个意思。就拿你们中国的少数民族——藏族为例，敬献哈达、奶茶和青稞酒是藏族待客最基本的礼节，除此之外还有傣族的泼水节、白族的火把节之类的。这些风俗习惯最初有的是为了纪念英雄人物，像端午节包粽子、赛龙舟，有的是为了感谢丰收。"

学生们听得一脸惊讶，老师对中国的民俗了解得还真不少。

孙昱鹏接话道："是啊，美国的感恩节就是为了向当初帮助过他们的印第安土著表达谢意，还有的风俗是来源于神话故事，比如我们的春节就是来源于一个有关年的神话故事。风俗习惯之所以能成为自然是由于我们世代相传，经过时间的洗礼才能如此。"

巴甫洛夫老师点点头："不过我们今天要讨论的主题并不是风俗习惯，而是生活中的那些小习惯。我们常说'少若成天性，习惯成自然'，那么习惯究竟是如何成自然的呢？"

夏楠说道："您的狗就有一个很好的习惯啊，只要您轻轻摇一摇手中的铃铛，它就会兴高采烈地跑过去。

"其实，我们人类也是一样。当我们还是小婴儿的时候，如果我们的母亲每天都在同一个时间点给我们喂奶，久而久之，只要一到那个时间点，我们体内的生物钟就会提醒我们要去吃饭了，然后身体就会产生饥饿感。由此可见，若想习惯成自然，有两个因素是必不可少的——行为上的重复和特定的因素。"

巴甫洛夫老师点点头，赞道："不错，真不愧是学心理学的。对于第一点，行为上的重复，一个习惯的形成离不开长时间的重复。比如，你在单位有一个好朋友，每次中午吃过饭他都会拉着你出去抽根烟，如此一个月以后，你的这位朋友跳槽去别的公司，留你一个人在原公司。这时，你依旧会在吃过午饭以后选择去抽根烟，甚至几年过去之后，你饭后一根烟的习惯还在。但如果这位朋友只是偶尔拉你去抽烟，一个月也无非一两次，那么他离开

> 行为上的不断重复是形成习惯的重要要素。

后，你可能连这一个月一两次的抽烟时间都会省掉。"（见图2-4）

夏楠点点头，很多人养成一些不良好的习惯就是因为身边那些与他走得很近的朋友把他们身上的恶习传染给了他。

就像他上大学的时候，每天晚上都会去泡网吧。原因就是他在上大学之前，张栋兴在放学后总是带他去网吧，玩上一个小时

图2-4 习惯要靠行为养成

再回家。如果没有时间上的重复，大脑无法形成条件反射，习惯也就变不成自然了。同时这也就解释了为什么很多同学一直很努力地想养成用完的书立马放回原处、睡觉前背单词的好习惯却一直不能成功，很明显，三天打鱼两天晒网的行为只会使先前的努力白费。

为了尽可能地避免沾染上这些坏习惯，我们应该及时远离坏习惯的传染源。当然，如果你的自制力足够强，完全可以一边和他们做朋友一边对他们身上的坏习惯说NO。

孙昱鹏接着说："不过，光有第一点是很难使习惯成为自然的。要是巴甫洛夫老师第一天先摇铃铛然后给狗喂食，第二天吹笛子，第三天拉小提琴，那么不出所料，会导致两个结果。一，狗疯了；二，日后巴甫洛夫老师再摇铃铛，这狗肯定不会跑过去。"

"停！我们先不讨论狗为什么会疯这个问题，来思考一下第二个结果是如何产生的。"巴甫洛夫老师赶紧制止了孙昱鹏的幻想。

"还是以饭后抽烟的事为例。如果今天你的同事吃饭前带着

你抽烟，明天又变成下班后拉你去抽烟，这样反复无常的事情只会让你的大脑把抽烟归类为同事的一时兴起，无法在特定的情况下养成习惯，从而也就形不成反射。你希望自己每天上课不迟到吗？那就给自己定个闹钟，强迫自己每天都在那个点儿起床洗漱。渐渐地，你的生物钟已经习惯了在那个时间点唤醒你，就算你想在周末给自己放个假，你也还是会正点起床。"

夏楠点点头，"习惯成自然"的问题，其实就是利用巴甫洛夫老师的条件反射，让自己的身体意识在特定的时间地点形成良好的反射。

孙昱鹏问："那么我们要坚持重复某一个行为动作多久才能让它变成习惯呢？"

巴甫洛夫老师答："对此，行为心理学给了我们一个准确的答案——21天。一个动作或者想法只要重复21天，就会变成一个习惯。"

巴甫洛夫老师认为，习惯的形成大致分为三个阶段。第1天到第7天为第一阶段，我们把它称作顺从。即，我们尽力地使自己表现得与新的要求一样，但是实质上没有发生任何改变。通常情况下，新习惯最初是在外界压力和环境影响下形成的，很少出自主观意识。而第7天到第21天属于第二阶段，认同（见图2-5）。

顺从 → 认同 → 习惯

图2-5 习惯形成的三个阶段

经过一周的磨炼，我们开始在心中接纳新的习惯。相比于第一阶段，此时主观意识占据的比例更大，不再是被逼无奈地去做某一件事。当我们熬到第三阶段时，新的习惯已经完全融入我们的思想行为之中，心里没有一点反抗与异议。

这里的 21 天是一个平均值，具体还会根据习惯的强度、难易而改变。如果新习惯是每天下午慢跑 400 米，或者比这还要简单，那么就会养成得快一点，相反，如果安排给你的是每天背 2000 个单词这种高难度的任务量，习惯的养成就会变得很慢。此外，21 天养成一个习惯的理论对于坏习惯的改变、消除也同样适用。

巴甫洛夫："澳大利亚著名演讲家力克胡哲曾经说过，当你想要放弃的时候，告诉自己再多坚持一天，一周，半个月，一年，然后你就会发现，拒绝退场的结果令人惊讶。所以，不管习惯成自然需要的时间具体比 21 天多还是少，都需要我们强大的毅力，以及持之以恒的精神。"

第四节　特殊的恋物癖

巴甫洛夫老师一脸坏笑地说："我们之前讲过似曾相识、习惯成自然、把妹相亲之类比较小清新的话题，这次我们换一个口味重一点的——恋物癖。"

不少人都露出了心照不宣的笑容。

"好！废话不多说，让我们切入正题。说起恋物癖，我们不得不提一个会飞檐走壁，来无影去无踪，年龄不详，身高不详，身手绝不亚于《陆小凤传奇》里面的司空摘星，百花丛中过，片叶不沾身，唯独偷内衣的内衣大盗。"

巴甫洛夫老师带大家进入了一个场景：

在一个月黑风高的夜晚，一个年轻女子在家里洗内衣。洗好后晾在阳台上。就在这位女子刚转身，准备离去的一刹那，内衣不见了！女子气愤不已，怒吼"哪个不要脸的孙子又偷老娘内衣了？！"

"真相永远只有一个，放心，我一定会抓住真凶的。"巴甫洛夫拍着胸脯说。

"小姐，请问这是你第一次丢内衣吗？"巴甫洛夫问道。

丢内衣的女子："不是，两个月内我已经丢了5次内衣了！"

"那你除了内衣之外还丢过别的东西吗？"

"没有啊，对了，好像还丢过一条丝袜，那可是我最爱的丝袜啊。"

"噢，这么说来我就有点眉目了。小姐，您认识我吗？我是巴甫洛夫！"

"八婆豆腐？和麻婆豆腐一样能吃吗？"

巴甫洛夫："是巴甫洛夫，一个教心理学的老师。"

"噢，就是玩狗那个？难道是你偷了我的内衣和丝袜？"

"不不不不。我是说，我可以帮你查出这个人，"巴甫洛夫连忙解释，"小姐，很荣幸为您效劳。"

"巴甫洛夫老师，请您帮忙分析分析。"

巴甫洛夫点点头："根据我的推理，估计偷您内衣和丝袜的那小子是个恋物癖。"

"老师，恋物癖？您能再详细地解释一下吗？"

巴甫洛夫回答道："没问题。其实你遇到的这种情况还算好的，记得有个叫徐良的网络歌手还写过一首歌，里面是这样唱的：你用过的咖啡杯，余温还多一些，我轻轻再吻一遍，变态得有点甜……这种舔异性用过的咖啡杯就是恋物癖的一种。我之前就在网上看到过一个男的尾随一个特别漂亮的女孩,还把她吃剩下,丢在地上的东西捡起来吃。总的来说,恋物癖指在强烈的性欲望与性兴奋的驱使下,反复收集异性使用的物品,甚至还会抚摸这些物品以获得性满足。其实,恋物癖最开始只是偶然收集了一件自己暗恋的异性身上的东西,后来发现这件东西可以让自己想起物品的主人,并且感到幸福、兴奋、心情激动。时间一长就形成了条件反射,只要看到暗恋的人用过的东西就会亢奋,从而变成了恋物癖。"(见图 2-6)

图 2-6 恋物癖是条件反射

"原来如此。"丢内衣的女子恍然大悟。

"由此可见,这位小姐,偷你内衣的那个人一定是在暗恋你。"巴甫洛夫老师说道,"你想一想,有谁最近正在追求你。十有八九就是那个人偷了你的内衣。"

丢内衣的女子很费解:"不对呀,最近也没有人跟我表白,而且大家都知道我有男朋友。"

巴甫洛夫老师诧异:"你有男朋友了?"

女子点了点头,"是的,我俩在一起都好几年了。"

"那你俩是不是老吵架?"巴甫洛夫问。

"是的,你怎么知道?"

"因为恋物癖还有另一种解释,和弗洛伊德的精神学有关。"

"弗洛伊德认为,性格内向,并且在恋爱、婚姻之类的两性问题上十分失败的男人往往缺乏男子气概,而且容易产生内心的矛盾，有的人还会因此变得焦虑。这时候，我们的潜意识就会跑出来促使他换一种方法来消除内心的痛苦。其中的一部分人就会迷恋上异性的贴身物品，偷偷地收集，通过性满足来安慰自己受伤的心灵。这类人往往有着严重的心理疾病。"

丢内衣的女子惊讶道，"不会吧？我之前还觉得他人不错呢。不行，我得赶紧打个电话问问他，如果真的是他，马上分手。"

说完，气哄哄地走掉了。

巴甫洛夫老师的场景结束，大家都笑得前仰后合。

巴甫洛夫老师继续说道：我对恋物癖的介绍可能有一点抽象，下面我再详细地给各位列举一下。

拿着异性用过的物件 = 无法性满足；

性幻想 = 性满足；

拿着异性用过的物件外加性幻想 = 性满足；

强化以后：

拿着异性用过的物件 = 性满足。（见图 2-7）

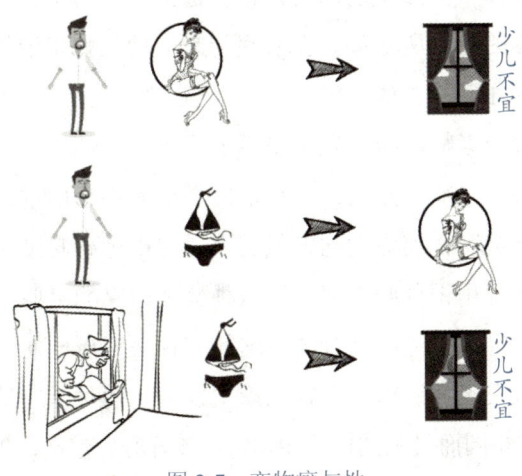

图 2-7 恋物癖与性

巴甫洛夫老师愉快地说："俗话说，有多少种物件，就会有多少种恋物癖。我们都知道最近网上奇葩百出，有微博控、丝袜控、短裙控、西装控……但要知道，你们所谓的物品控和恋物癖完全是两个概念。这类'控'只是单纯的喜欢，而恋物癖是一种带有'性'色彩的喜欢。如果你在做自我介绍的时候很兴奋地说自己是恋物癖，那么估计原本暗恋你的小女生也会被吓跑。"

第五节　似曾相识是怎么回事

"被阳光洒满的午后，正漫步在回家的路上，明明走入你视野的是一张素未谋面的脸庞，你却转过身，深深地望着那个刚刚擦肩而过的人，喃喃自语'咦？我好像在哪里见过他'。抑或是当你流浪在一个陌生的国度，在转过某一个街角之后，竟被一片无意飘落的花瓣所触动，在心底勾起一种似曾相识的感觉。"巴甫洛夫老师一脸深情地说。

大家看着老师，纷纷表示受不了了。

巴甫洛夫老师一撇嘴："相信每一个人都经历过这种'似曾相识'的感觉，就连你们的宋代词人晏殊也曾感叹过'无可奈何花落去，似曾相识燕归来'。可这种莫名而来的'似曾相识'到底是今生注定，还是前世有缘，这得靠我来解释一下。"

巴甫洛夫老师讲道：似曾相识主要分为两种，一种是感觉或者情绪上的相同而带来的似曾相识，比如开心、沮丧、失望等。另外一种就是此时此刻所在的地点、时间，接触到的人、看到的东

西与曾经遇到的有一部分十分类似甚至一模一样而触发的感觉。(见图2-8)

巴甫洛夫老师边想边说:"在电影《生化危机》第一部的片头,女主角爱丽丝从浴缸中醒来,她疑惑地环视着周围的一切。此时的她由于接触到了某公司的最高

> 似曾相识主要分为两种,一种是感觉或者情绪上的相同而带来的似曾相识,另外一种就是此时此刻所在的地点、时间,接触到的人、看到的东西与曾经遇到的有一部分十分类似甚至一模一样而触发的感觉。

图 2-8 似曾相识

机密而被彻底洗脑,忘记了以前的一切。就算是在自己的家中,她也没有一点记忆。

"但是在地下基地,'蜂巢'里面,面对丧尸的侵袭,她随手抓起身边的枪熟练地把一串子弹打了过去。同伴不知所措地望着她,她说'我好像来过这里'。可事实是,她从未亲自进入过地下基地。可是为什么会有这样似曾相识的感觉呢?因为,在她丢失记忆以前,她是一名职业特工,对于枪的使用更是像普通人吃饭喝水那样平常。所以,在危险来袭之际,她的身体会条件反射,不由自主地做出保护自己的举动。而那所谓的似曾相识,不过是条件反射让她再一次感受到了以前经历过无数次,如今却忘记的类似场景罢了。这就是刚才提到的第一种情况。"

张栋兴说:"不光是在电影里面,生活上也是常常如此。比如,我朋友只身在异国他乡求学,身边相处的都是陌生的面孔,说着另外一种语言。在新年前后，国内的朋友都吃着团圆饭，看着春晚，沉浸在浓厚的节日气氛中，而他深深思念着大洋彼岸的另一端，却不能回来。这时候，如果一个华裔出现在他的家门前，邀请他到家中吃饺子。就算这位华裔的中文不是那么的流利，也能让他深深地感受以前在家乡时的那种温暖。甚至，就连走在唐人街，看着琳琅满目的中国传统工艺品，都能带给他一种亲切感。似曾相识，不就是如此吗？"

孙昱鹏一脸坏笑："是啊，是啊，我们都知道巴甫洛夫老师与狗的故事。说白了，似曾相识不过就是巴甫洛夫的狗，在不熟悉的地方感受到了和享受巴甫洛夫老师扔的美味骨头一样的温暖。"

巴甫洛夫老师：英语学习中，大量的单词无疑是学生需要面对的头号困难。假设一个英语初学者今天学会了一个单词"believe（相信）"，相信，过一段时间之后，当他看到"relieve（缓解）"这个之前他从未接触过的词，可能会不由自主地开始思考自己之前是否见到过这个单词。其实，他所感触到的那种似曾相识的感觉，只不过是大脑在看到"lieve（纵容）"之后本能地联想到了已经认识的"believe（相信）"。

地球上居住着 70 多亿人，一个人活到 80 岁的时候，大概会遇到将近 2 亿不同的人，平均下来，每天都会邂逅 1000 多张从未相识的脸庞。而这 1000 多张脸庞中，总会有那么一两个与现在正站在你面前，让你感受"似曾相识"的那个人的五官的某一部分是高度相似的。

假设在一所学校里面，某位女孩暗恋的男生总爱打红色领带穿黑色西服，下身穿沙滩短裤外加一双人字拖（先不管这种穿法是多么的不符合逻辑）。几年后，男生移民到了别的国家，女孩还留在原来的地方。某一天，一个女孩从未见过的男生也穿着黑色西服和沙滩短裤人字拖，系着红色领带，走到她面前跟她聊天。即使女孩之前没有意识到自己暗恋的男生喜欢穿这一类衣服，当她看到别的人衣着类似时，她的脑海里会条件反射地回想起以前的画面，然后产生出一种似曾相识的感觉。

先不考虑这个姑娘是怎么看上这位穿着极其诡异的男生，让我们来分析似曾相识是从何来的。"红色领带""西服""沙滩短裤"以及"人字拖"都是唤起似曾相识的关键之处，因为这些元素同时碰撞到一起的概率非常小。相反，如果男生喜欢天天穿校服，那么这样的人学校里随处可见，如此一来，记忆中的这一系列细节都会被淡化，不管女孩看到多少个穿校服的男生，也不会唤起她似曾相识的记忆。

不单单是穿着，一个人的语言、行为举止或者相遇的场景环境，只要足够特别，都极有可能成为唤起记忆的关键点。所以，这一类别的似曾相识不过是此刻眼中的情景与记忆历史长流中的某一个小碎片有着一模一样的特点罢了。

其实，就是巴甫洛夫的狗被陌生人拐卖之后，在从未来过的地方遇到了同款的铃铛，它可能也会触景生情，"哭"它个稀里哗啦。（见图2-9）

图2-9 生活中随处可见的似曾相识

这样一说，许多有情人又会纷纷抱怨：啊，我还以为我和他似曾相识是前世的缘分未尽呢，原来只不过是他长得或者穿着比较像以前我见过的一个人。其实也不用太过伤心，人与人之间很难找到完全一样的面孔，就连双胞胎都会有一定的差别。由此可见，能遇到一个与你的过往经历相像的人也是来之不易的缘分。

讲到这里，巴甫洛夫老师给了同学们一个善意的提醒：善良单纯的妹子不要太过相信男人嘴里的似曾相识，有的男人走到你面前，跟你说'美女，你长得好像我过世的一个朋友，可以坐下来陪我喝杯咖啡，让我好好怀念一下她吗'？十分有可能他只是想要你的手机号码约你出去。现如今，似曾相识已经成为搭讪的经典开场白了。"

第三章
斯金纳讲"行为"

本章通过 5 小节,详细介绍了斯金纳的行为主义。内容翔实有趣,配图简单易懂,文字生动活泼,佐证事例充足,读者可通过师生间的对话,准确把握心理学的重要性。适用于希望提高自身心理能力,对强迫症有加强理解需求的读者。

伯尔赫斯·弗雷德里克·斯金纳
(Burrhus Frederic Skinner)

美国心理学家。早年从事文学创作,后来为了更深入地理解人的行为,转而研究心理学。

在哈佛大学就读期间,斯金纳受到了行为主义心理学的吸引,将自己的主攻方向瞄准了对人类行为的研究。他开创性地提出了有别于巴甫洛夫条件反射的另一种条件反射行为,并将二者进行了区分,在此基础上提出了自己的行为主义理论——操作性条件反射理论。因此,斯金纳也被誉为新行为主义学习理论的创始人。

第一节　抑制不住的网购

孙昱鹏上了巴甫洛夫老师的课程后，就跟上了瘾一样，第二天一大早，他就催着夏楠和张栋兴赶紧去上课。

"这节课是斯金纳老师的，不容错过！"孙昱鹏大声说道。

到了课堂，教室里只来了他们三个人。斯金纳正跷着二郎腿，坐在椅子上刷微博，时不时还露出开心的笑容。

夏楠有些纳闷，凑上前一看，老师正在看段子：

淘宝买家看上了一件衣服，然后用阿里旺旺询问店主商品的具体情况。

买家："掌柜，我选的这个诱惑吗？"

卖家汗颜："挺好的……"

买家："不是，我是问有货吗？"

卖家："有，有。"

买家："那您能活到付款吗？"

卖家无奈："我尽量吧。"

买家："我是说货到付款。"

卖家："这个没问题。"

看着哈哈大笑的老师，孙昱鹏忍不住问："老师，您知道什么是淘宝网吗？"

斯金纳摇头晃脑地说："当然知道啦，淘宝网是亚太地区较大的网络零售商圈。早在2012年，淘宝网单日交易额高达91亿元。

不光是淘宝网,当当网、凡客、京东商城等都深受大众喜爱,不得不承认网购已经成为大众购物的首选以及销售的主流。2014年,网购这个话题被搬上了两会的桌面,引起了国家领导人的重视。"

孙昱鹏心服口服。这时,教室里已经围了不少学生。

斯金纳老师拍拍手:"好!上课。就像我刚才说的,网购的确有许多好处,足不出户就可以把想要的东西买回家。只要鼠标轻轻一点,浏览器就会吐出成千上万的商品。既可以做到货比三家,又能轻松查看别人对这件商品的评价。甚至微博上有人说,逛街买东西只能在交钱的时候激动一次,网购却可以让人激动两次,交钱一次,收货一次。这些都成为人们喜爱网购的原因。不过还有很重要的一点,需要从我的操作性条件反射这方面来分析。"

"我曾经把一只小白鼠放到箱子里面,并且保证可以让它自由地活动。箱子里面有一个小踏板,只要小白鼠按压踏板,就会有一团食物掉进箱内的盘子中,小白鼠就可以吃到食物。"

(见图3-1)

夏楠点点头,这个实验与巴甫洛夫老师与狗的实验的不同点在于,巴甫洛夫实验中动物的参与度并不是很高,是被动地接受刺激,而斯金纳老师在条件反射中掺入了奖励或惩罚的部分,让动物主动地触发刺

图3-1 操作性条件反射

激,更注重动物的学习本领,向我们证明了刺激和反应之间的另一层关系,这也就是斯金纳老师常说的强化理论。

斯金纳老师:"就像每一个学生都知道好好学习可以得到奖励,而松懈、怠慢则会被老师家长批评一样,小白鼠或者其他的动物也可以通过反复的操作学习到自己的某一个举动会得到奖励,另外一个举动会遭到惩罚。养狗的人常常利用这一点去训练自己的宠物,如果狗在屋子里面上厕所,主人就会毫不留情地打骂它,时间一长,宠物就会明白自己在错误的地方排便是会得到惩罚的。我们训练自己的狗握手这个技能,如果狗做对了动作,就给它一点吃的,相反,做错了就不会有吃的。为了赢得吃的,狗就会按照我们的指示去学习握手。(见图3-2)

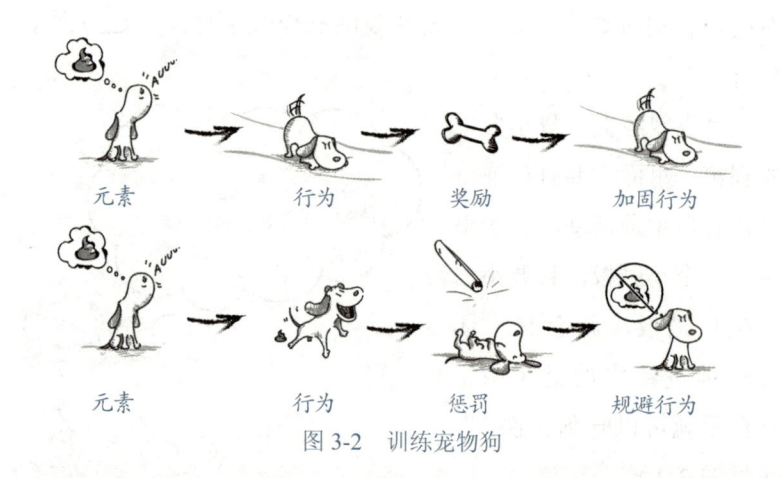

图3-2 训练宠物狗

"让我们再回到网购这个话题上来。按照我的操作性条件反射来看,网购行为就像小白鼠在琢磨如何可以获得吃的一样。

"最开始,小白鼠在箱子中只是没有头绪地按照自己的心情喜好跑来跑去,一不小心某个举动就导致美味可口的食物从天而降。

"我们最开始网购的时候,也是像小白鼠一样,在五花八门的网店左看看,右看看,只是凭自己喜好,没有任何网购经验地买一些东西。同样,我们收到的货物也有好有坏。

"有的时候可能会被店家坑了,买一些和当时在网站上看到的图片不符的衣服鞋子,而且质量还差。不过也有的时候,我们买到的东西比实体店中的要便宜很多,穿在身上也很好看。

"对于小白鼠来说,它要学习的是如何获得食物,奖励就是那些食物;而我们要学习的是网购的技巧,奖励则是一件件漂亮、价钱合理的衣服、鞋子或者包包。

"渐渐地,在一次又一次的尝试中,小白鼠发现了获得食物的秘籍,那就是踩一下箱子中的某一个小踏板。

"带着这种新鲜感,小白鼠屡试不爽,每当饿或者无聊的时候就会去踩一踩踏板。

"反复地多次网购,在失望和激动的交叉作用下,我们开始探索买到价钱便宜、好看有用的商品的诀窍。我们记住了一些高质量网店的名字,还明白了要在下订单前对比一下不同商家的销售量,看一看以前买家给予的评价,甚至还知道了什么时候衣服会打折,什么时候买最便宜。

"在了解了这些方法之后,我们对网购产生了一种好奇心和新鲜感,一次又一次地去验证我们总结的经验和诀窍,并且沉迷于其中。

"最后,尽管我们已经掌握了某些秘诀,但还是执着于一次又一次地去体验(验证)秘诀。这也就解释了为什么我们总是不由自主地想去网购。"

斯金纳老师耸了耸肩:"除此之外,大众深爱网购的另一个原因就是网购花起钱来无意识。我们去实体店买衣服,交款往往都是现金。这时，我们心中会有一种省钱的意识。但是，如果选择网购，通常情况下，交钱只是用手指在键盘上敲几个字母、数字就可以轻松搞定。在一定程度上，网购和信用卡一样会让人花钱没有节制。"

第二节　Flappy bird 为什么这么火

斯金纳老师啧啧道："对了，最近一款游戏在 App Store 上面脱颖而出，　个月内的下载量高达五千万次，直线飙升美国 App Store 游戏榜单第一名之后又冲上了中文区榜首，生生把人们一直钟爱的植物大战僵尸和愤怒的小鸟都比了下去，你们知道是什么吗？"

"您说的是 Flappy bird 吧。"夏楠问。

"是啊，是啊，"孙昱鹏说，"如果你说你连这款游戏都没有玩过，那你真的是落伍了。很多人疯狂地迷上了这款游戏。尽管游戏并没有分享的功能，但是很多人还是愿意在微博、朋友圈或 QQ 空间里面狂发游戏截屏，甚至还有人说'游戏太火毁了我的生活'。"

"没错，而且游戏里面的这只笨鸟根本不会飞，所以需要玩家不停地点击屏幕，只要手一停，小鸟立马就直直地摔死在地上，而且每当玩家点击屏幕，小鸟都会发出'呼哧呼哧'拍打翅膀的声音。除此之外，此游戏还有三大特点。"

斯金纳老师介绍道：

特点一：画面粗糙。你肯定以为我会说它的画面感特别好，超高清，对不对？答案是，不对。那，就是3D的？不对。什么？3D都不是，那一定就是4D！恭喜你，还是不对。告诉你，这个画面简直是粗糙得不能再粗糙了。像素游戏你懂吗？就跟我们最开始拿小霸王游戏机玩的魂斗罗、坦克大战一样。而且，游戏里面的障碍，水管长得和超级玛丽那货钻的水管一模一样，这位越南的开发商还因此被任天堂公司起诉，理由是涉嫌侵犯超级玛丽的游戏元素。

特点二：玩法简单。上面我们已经讲过了，这玩法也是简单得不能再简单了，准确度、手速、技巧什么的根本不需要，点屏幕就行了。就这样，这游戏还不是首创。这款游戏只是那位越南人在百忙之中抽出三天下班后的空闲时间完成的。

特点三：速度极慢。你肯定又以为我会说，是不是这游戏和"找你妹"一样，需要很快的手速，或者和乐动达人似的？不对。Flappy bird 号称史上最反人类的小游戏，游戏结束的速度简直快得不能再快了——平均几秒钟就会死一次。

那么这样一款渣得不能再渣的游戏是怎么一瞬间爆火，还抢了植物大战僵尸在App Store游戏榜单的第一名呢？

斯金纳老师笑道："有人说它是利用机器人刷榜，还有人指出这是娱乐炒作。不过，诸如此类的问题我们今天一概不讨论，直接分析另一个最主要的因素——心理因素。"

试想，如果有一天上班午休或者课间，你手中拿着植物大战僵尸2自己刚破的新关卡想去和你的小伙伴们炫耀一番，没想到，他们个个都极不耐烦地回复你一句，"去去去，我忙着呢，没工夫搭理你。"

你一定觉得这哥们今天心情不太好，没关系，便又去找你的二号小伙伴，没想到他也是不屑一顾，连理都没理你，你的三号四号，一直到第一百号小伙伴都是这个态度。不用想，你的心中一定充满疑惑，"他们今天都是怎么了？"深入调查之后，你发现他们全都迷上了一个新游戏——Flappy bird，且欲罢不能。

> 如果你的行为导致了你的不愉快，你就会拒绝此类行为再次发生。

"根据我的操作性条件反射原理，是你的行为导致了你心情的不愉快，所以你就会拒绝这种行为再次发生。所以，你一怒之下卸载了植物大战僵尸，安装了Flappy bird。之后你就会发现，这游戏怎么这么难啊？"

（见图3-3）

图3-3 条件反射与行为

斯金纳老师继续说："我知道，你一定对此深表疑惑，这破游戏到底有多难？游戏中的小鸟每飞过一根管子就会获得1分，一局拿个百八十分不是容易得很吗？错！大错特错！对于一个新手而言，第一次能拿到5分，那就是奇迹中的奇迹了。一个小小的失误就会让你的小鸟一头撞死在水管上。"

你看着惨不忍睹的分数，励志要突破5分。于是，你屡战屡败，屡败屡战，终于上天看到了你的诚意，让你手中的小鸟成功地飞过了8根管子。

操作性条件反射的原理又一次在你身上验证了，相比于普通简单的游戏，一款难度极大的游戏必然能在你获得高分之后带给你更多的满足感，让你的心情激动无比。为了再次得到这种前所未有的满足感，你又会埋头去挑战这个游戏。

如此循环，你就深深地爱上了那只"呼哧呼哧"的小鸟。

有一次，你破天荒地拿到了 11 分，便想发到微博或者朋友圈里面显摆一下。你的小伙伴都对你的分数羡慕不已，甚至还有妹子偷偷地找你要手机号请你教她玩 Flappy bird。正在你沾沾自喜之时，可怕的事情发生了。

你一觉醒来，发现微博上面又有人把自己游戏的截图贴了出来，而且全是关于 Flappy bird，隔壁家老李的孙子刚刚玩出了 15 分的高分，班上不爱说话的学霸小王破了 20 分，就连学校清洁工的成绩都达到了 16 分。

你再一次找到了目标，发誓不破 30 分今天就不睡觉……（见图 3-4）

图 3-4　你为什么玩游戏

正是 Flappy bird 游戏的高难度激发了大家心里的挑战欲望，每多过一关就会让你更加兴奋，那可是在无数次失败后才多出来的 1 分。这样的刺激让大家拼命地想刷新自己的记录，外加周边朋友暗地里的攀比，Flappy bird 传播越来越广。

其实，不光 Flappy bird 是这样，找你妹、微信里面的打飞机以及疯狂猜图等之类的游戏都是同样的道理，依靠玩家努力寻求自我满足的心理和病毒式的口碑传播。

除此之外,它还抓住了现代网游的一个弱点——无差别竞争。很多大型网游尽管制作精湛,操作复杂,但是只要狂砸人民币,搞到一流的道具装备,拿第一名不是问题,这样以营利为目的的游戏恰恰毁了大众的乐趣,而 Flappy bird 这类小游戏正好满足了我们心中只是单纯地想玩玩游戏的初衷。

夏楠点点头:"如此说来,这样一款制作简单的游戏能登上 App Store 的榜首倒也不足为怪。"

第三节　强迫症是怎么一回事

课间休息,孙昱鹏吃了一块巧克力后,就一直拿纸巾擦手,直到手上一点巧克力渍都没有为止。

斯金纳老师看到后问:"你是不是有强迫症?"

孙昱鹏一脸茫然:"我也不知道啊……"

"你是不是有时候十分钟内连续洗好几次手,却还是觉得没有洗干净?你是不是每次出门都要反复查看门锁好了没有,哪怕你很清楚地记得自己锁了?你是不是一定要把所有的东西按顺序排列,否则心里就会特别难受,一整天都坐立不安?"

孙昱鹏点点头,不少同学也都点了点头。

"如果你的行为符合或者类似上面所描述的,那么恭喜你,你掌握了新技能——强迫症。"

夏楠知道,强迫症患者常常被一些毫无意义,甚至违背自己意愿的想法所控制,并因此而感到焦虑,承受巨大的痛苦,甚至还会严重影响学习工作和正常的起居生活。

斯金纳老师说道:"这种病症的具体病因目前为止尚无定论,但可以推测出,它与我们的心理状况、生活环境、遗传等多种因素有关。详细了解后我们还会发现,有强迫症的人普遍都是完美主义者,对自己和他人要求甚高,大部分患者都来自较高的经济阶层,他们因过分追求完美而变成了一种病态。"(见图3-5)

> 强迫症成因虽然尚无定论,但可以推测出,它与我们的心理状况、生活环境、遗传等多种因素有关。

图3-5 强迫症受多重因素影响

美剧《生活大爆炸》中的谢尔顿就是一个典型的完美主义者,当然,也是一个超变态的强迫症患者。他会给自己的所有物品都贴上标签并编号,就连他的标签上面都有一个编号。衣服不能有一点褶皱,同时还要按季节、颜色分类。从周一到周日,每天晚上吃什么,在哪里吃,什么时候逛街,甚至早上几点上厕所都会详细安排。如果有人无意间破坏了他的生活规律,他便会一天都极其不自在,从早到晚惦记这件事,就算那个人是自己的好朋友,也会毫不留情地跟他绝交。

说到这,你可能已经对强迫症有了一个印象,下面让我们来更加详细地分析强迫症的表现。

强迫症的主要临床表现有两种,一种是强迫思维,另一种是强迫行为。强迫行为与强迫思维两者是息息相关的,但有一点需要我们注意,就是强迫症患者的强迫行为并不是为了满足自身的快感，而是为了摆脱或者减轻强迫思维带来的焦虑和恐慌。对于这一点，需要我们运用斯金纳老师的操作性条件反射去理解。

我们都知道，操作性条件反射的原理是无意间的行为使内心产生愉悦感，然后这种愉悦感又会促使我们去重复之前的行为。

很多强迫症患者在倍感焦虑、饱受强迫思维折磨的时候，无意间做了某个动作，突然发现内心并不是那么痛苦了，便一而再再而三地重复那个动作，最后形成了强迫行为。

比如，你一直怀疑自己是否关好了门窗而不去检查，你内心就会认为今天晚上下班回家时家里已经被洗劫一空，或者有杀人犯、强奸犯之类的躲在你的家里。这种情况下，唯有回家去检查一遍门窗才能感到安心，驱除恐惧。洁癖强迫的人就会把不洗手、触摸到公共场合的东西这些事情想成自己日后生病、死亡的原因，为了不让自己患传染病、身体被病菌侵蚀的事发生，只好一遍又一遍地洗手。（见图3-6）

图3-6 洁癖与强迫症

当然，也不是每一个有强迫思维的人都会有强迫行为。就以刚才提到过的杀害性强迫为例，有些患者内心会有很强烈的自杀的想法，但因为理智上的抑制，很少会有人任凭这种想法为所欲为。

斯金纳老师继续说道："那我们如何治疗强迫症呢？这就要请出一个神奇的治疗方法——森田疗法。"

森田疗法的基本原则是"顺其自然"。所谓顺其自然,并不是指让强迫症为所欲为地干扰患者的生活。它要求我们把烦恼、犹豫当作人的一种自然的情感去接受和认可,而不是一味地排斥,否则这种"求之不得"的心理就会变成一种思想矛盾,像强迫症患者那样,因为纠结如何摆脱强迫症而越陷越深,导致正常生活全被搅乱。所以正确的做法是学会带着症状去生活。

斯金纳老师举了个例子:"如果明天有一场重要的升学考试,但是你现在什么都没有复习。这时,你的内心一定会感到烦躁、焦虑,这些都是正常的生理反应。如果你沉浸于此,一直在纠结'明天要考了,我还什么都没有复习,怎么办怎么办',这样不光浪费了你的时间,起不到任何实际的作用,还会使你变得越来越紧张。相反,如果你选择不去想这种情绪,那它很快就会消失并且成为你复习的动力。"

其实,每个人都会有一点强迫症,它们没有所描述的那么恐怖。很多人在看到讨厌的人站在自己面前洋洋自得地说个不停的时候,都会出现想让他消失的念头,或者在摸过钱、小狗之后会觉得很脏、不干净而想去洗手,以及出门反复思考是否锁门。

正常人与强迫症患者的区别在于,前者对于这些稀奇古怪的想法置之不理,该干什么就去干什么,或者睡上一觉也可以,过上几个小时甚至几分钟之后,这些想法自己就销声匿迹了。

斯金纳老师说道:"所以,生活中,我们不光要宽恕别人,还要学会宽恕自己。把时间精力都放在没有必要的小事上面,只会让我们越来越脱离原来的轨道,尽管有人曾说'一屋不扫何以扫天下',但是偶尔不拘小节一下,也不足为奇。"

第四节　女汉子是如何养成的

"各位都知道世界末日吧？"斯金纳老师问，"2012年玛雅人的世界末日看似风平浪静，什么都没有发生，但是有一种神奇的物种悄无声息地走入了我们的生活中，那就是——女汉子。"

一听女汉子，在座的男生都叹了口气。

斯金纳老师笑着说道："首先，我们来为女汉子下一个定义。那种性格豪爽，独立，有男子气概，且内心和行为酷似纯爷们儿的女性就是传说中的女汉子。这样说可能还是很模糊，下面就为大家列举出女汉子的标志性特点。"

穿衣篇：女汉子这类生物往往厌恶化妆，本着不洗头不见人，不出门不洗头的原则过活，并且当她们看到别的女孩子浓妆艳抹时，内心只有一个想法——矫情。粉红色无疑是所有女汉子最讨厌的颜色，公主裙自然而然就成了她们吐槽的主要目标，逛街、去美容院、去美甲店什么的都不是她们的兴趣所在。对她们来讲，牛仔裤、T恤这类简单朴素干练的衣服永远都是首选。

技能篇：女汉子本身自带技能很多，比如可以单手拧瓶盖，扛两袋大米奔上十几层高楼，掰手腕完虐男生，等等，她们大多都热爱运动，在游戏的世界里很多也是大神级别的人物。

性格篇：性格直爽、开朗，不拘小节，对人热情。对待朋友十分讲义气，很容易和男生交朋友，不会像其他女生那样一和异性说话就脸红、手心热、心跳加速。

爱情篇：女汉子的男朋友总是很无奈地说，我给你讲黄色笑话是为了让你害羞，不是让你讲个更黄的给我。她们也常常被男朋友指责，书上说女孩子笑起来好看是指那种不露齿、娇滴滴地笑，不是你那种拍着大腿放荡不羁地狂笑！

"如果你符合上述内容，那么祝贺你，你已然成为了一名女汉子。"斯金纳老师坏笑着说，"时至今日，女汉子的出现依旧是个谜，不过根据分析，我们总结出了两条可能性。"

（见图3-7）

可能性一——先天生理因素。当我们还在妈妈肚子里，是一个小小的受精卵的时候，我们是没有男女之分的。有过怀孕经验的人都会知道，一般只有在怀孕四个月后才能看出性别来。

图3-7　女汉子是怎么形成的

如果受精卵里面存在Y染色体，那么我们的性腺会转变成睾丸，由睾丸分泌雄性激素；相反，如果没有Y染色体，性腺则会变成卵巢，分泌雌性激素。

只要雄性激素或者雌性激素轻微性地升高就会导致一个女孩有男性化的倾向，或者一个男孩有女性化的倾向。这也就是为什么在怀孕期间，孕妇不能乱服药，就连饮食行为也得非常注意。

可能性二——后天行为因素。一个行为所来带的结果会影响我们日后是否重复这个行为。在此基础上，我们要引入一个新的概念——强化理论。

强化理论分为两种，一种是积极强化，一种是消极强化。所谓积极强化是指通过愉快的刺激来增加主动触发行为的概率，而消极强化是指通过减少不愉快的刺激来增加主动触发行为的概率。

还是以小白鼠为例，当小白鼠在箱子中踩到某个按钮之后，会得到从天而降的美食，那么它一定会乐此不疲地狂踩那个按钮，这就是积极强化。如果箱内的小白鼠在受到电击的折磨，无意中踩到某个按钮之后电击就停止了，它也会一直踩那个按钮，这种情况则属于消极强化。

斯金纳老师说："女汉子的生长环境大多都很艰苦，要是在艰苦的环境下不能做到自食其力，就算你是一个手无缚鸡之力的小女孩，也会受到欺辱，比如，一些农村的女孩在很小的时候已经学会了自己做饭和照顾小弟弟小妹妹，甚至还会去地里耕田或者外出打工。如果不这么做，她们需要面临的就是饥肠辘辘的夜晚，以及父母的指责批评。她们的内心可能也很渴望洋娃娃和漂亮的公主裙，可家境不允许。久而久之，她们习惯了这种生活，变成了一个个内心强大无比的女汉子。"（见图3-8）

孙昱鹏急着问："那有的女孩生长环境不错，长大之后也成了一个女汉子，这又是怎么一回事呢？"

斯金纳："别急，这就是我要说的第二种情况。想象一下，一个柔弱的小女孩在外面和小朋友玩的时候被欺负了，回到家哭着跟爸妈诉苦。她爸妈心想，孩子不能太宠，要锻炼她的独立能力，便要求她自己的事情自己处理。女孩一定感到万分无助，知道自己遇事就哭的行为不能换来想要的结果（也就是爸妈的安慰），

图3-8 女汉子与环境

下次再被小男生欺负的时候，她一定会冲上去，使出全身的力气把欺负她的人推一大跟头，从此小男孩就不敢欺负她了。于是，她发现相比于大哭大闹，还是这种简单粗暴的方法更有效。从此，她从一个哭哭啼啼的软妹子进化成了一个高大强壮的女汉子。"

夏楠心想：其实女汉子并没有什么不好，相反，这样的女生更讨人喜欢，因为她们喜欢自己处理问题，凡事依靠自己。

由于性格偏向男生，女汉子们不会为小事斤斤计较，她们开得起玩笑，不像有些女生动不动就闹小脾气不理人。社会已经变得越来越复杂，女人比男人难混许多，正因为如此，女人才要变得更加独立自主。

斯金纳："和女汉子很像的另一类物种被称作'伪娘'。伪娘是指性格软弱或者貌美如花，长着一张比女人还妖娆的脸蛋的男性。通常情况下，他们很容易被误认为是女生，即使穿上女装也毫无违和感。相信很多男生小时候都穿过妈妈的衣服或者裙子，但大抵这类行为会被父母看到后立即制止，甚至还会遭到惩罚和责骂。"

夏楠点点头，根据斯金纳老师的操作性条件反射，日后他们就会避开这种行为。不过，也有一部分家长在看到自己家宝宝穿上女装之后很好看，很可爱，就会不停地夸赞，说我家宝宝好美啊，让妈妈亲亲之类的话，甚至拍照留念。如此一来，尽管这个小孩子知道自己是男的，但他还是会为了得到妈妈的奖励而去穿上女装逗妈妈发笑。就是这种行为，造成了小孩子日后的性别认知障碍。许多从小练童子功学京剧的男孩常常会因为戏里戏外角色的转变而分不清自己的性别，直到很久以后才会发现自己原来是个男的。

李玉刚和《盗墓笔记》里面的解语花就是两个很好的例子，虽然他们性格并不娘，可是换上女装之后完全可以以假乱真，迷惑大众。

第五节　你和顶皮球的海豚没什么区别

"各位！大家都知道，前几年的海豚救人事件引起了科学家的广泛关注。人们把注意力从高等动物猩猩的身上转移到了海豚身上。有些生物学家将海豚的大脑解剖，发现海豚的脑子是相当大的，平均脑容量占体重的 0.76%，再加上大脑上的回纹多而密，甚至胜过了猿猴，所以无论是从相对重量、大小还是复杂性等方面，海豚的大脑无疑是很发达的。"斯金纳老师说道。

"是呀，海豚既温柔，又聪明。"不少女生七嘴八舌地应和。

斯金纳老师一拍手："没错！正因如此，外加海豚与生俱来的温柔，在海洋馆中我们常常见到海豚被驯兽师训练做出一些高难度的动作，有时候驯兽师还可以骑在海豚的背上冲浪，这些动作对于其他生物来讲，需要花费大量的时间去完成，甚至是几乎不可能完成的。"

海豚顶皮球是海洋馆中最常见的一幕。空中悬挂着一个色彩鲜艳的皮球，当海豚听到驯兽师吹响哨子之后，便猛地向上一跃，用长长的嘴或是脑袋撞击皮球，完成之后再乐呵呵地游回驯兽师的旁边。

曾有试验证明，海豚玩皮球是一种天性，在美国波士顿的一所海豚研究所里面，工作人员建造了两个篮球场那么大的海豚池。

在研究人员往池中丢进几个彩色大皮球之后,不用教,海豚自己就玩起皮球来,一会儿就能自动用头和嘴顶着皮球在水面上直立游泳。

就算是在池内放进 5 个用塑胶制造的人体模型,这群海豚见到后依旧会"玩兴"大发,纷纷围绕着模型游戏,直到把模型推到池边为止。

夏楠心想:大概没有哪个海豚愿意一天大部分时间都在顶皮球。海洋馆中的海豚能附和驯兽师指令做出动作很大一部分是因为在顶完皮球之后,驯兽师会从桶里扔出一条小鱼奖励它。所以,这种食物上的刺激应该才是它乐于顶皮球的真正原因。

斯金纳老师继续说:"好!让我们再回到我的操作性条件反射上去。海豚和小白鼠一样,在反复的尝试中,明白了只要自己碰到圆圆的皮球,驯兽师就会奖励一条美味可口的小鱼,因此,为了那条小鱼,海豚总会乐此不疲地去顶皮球。"

大家都笑了,但是斯金纳老师没有笑,他一脸正经地说:"在笑看海豚的同时,不妨也回过头来笑一笑我们自己,我们和顶皮球的海豚其实没什么区别。"(见图3-9)

> 通过操作性条件反射,人也能够被施以类似于被驯服的动物一样的"魔法"。

图 3-9　可以被驯服的人

斯金纳老师给大家举了例子。

一所学校的校长怀疑班上的三个学生抽烟,就分别把他们叫到办公室来问话。第一个学生进去了，校长请他坐下，问"吸烟吗？"学生说"不吸"。接着校长从袋子里抽出一根薯条递给那个学生，说"来一根吧。"那个学生连说谢谢，很自然伸出两根手指夹了过来，然后叼在嘴里。校长一看，大怒道："还说不吸烟？！"这个同学把事情的经过赶紧告诉了后面的两个人，让他们多多提防。

第二个学生进去了，校长问"吸烟吗？"学生回答"不吸"。校长递给他一根薯条，"吃根薯条吧。"有了前车之鉴，这个学生双手接了过来。过了一会儿校长又问，"你不给班上的同学带回去一根吗？"同学点点头，拿了一根顺手夹在耳朵后面，校长大怒："还说不吸烟？！"

第三个同学听说了前两个人的遭遇，小心翼翼地进了校长室。校长说"吃根薯条吧"，同学摇了摇头，说："谢谢，不会。"

魔高一尺，道高一丈。不管这些学生如何小心谨慎，在校长那里还是输在了条件反射上面。对于条件反射，所有生命的表现都是一样的。就算是人类这样的高等动物也曾经有过"画饼充饥""望梅止渴"之类引人发笑的事情。不过条件反射会给可爱的海豚们带来食物，给这帮学生带来的却是惩罚。

仔细一想，其实我们每个人都像一只顶皮球的海豚。海豚为了食物去完成各种难度的表演，而我们也在完成各种难度的工作，金钱地位抑或是其他我们想要的东西就像是表演结束后的奖励——一条小鱼。

夏楠点点头，他舅妈就对 6 岁的儿子施行了奖励制度，目的是让他能乖乖按父母的要求做事。比如，舅妈会告诉儿子："宝宝，只要你坚持一个月保证自己的小书桌是干净的，妈妈就给你买你最喜欢的玩具。"小孩子似懂非懂地点了点头，这一个月，孩子每天睡觉前都会整理自己的书桌。然后，他就会顺理成章地获得之前家长提到过的玩具。时间一长，孩子的意识中就会形成这样的一个联系：整理书桌等于有玩具。

其实这样的行为十分常见，也并无坏处。但是很有可能，就在这家的爸妈自以为自己的宝宝养成了一个好习惯的时候，有一天，小孩突然就不再坚持每天收拾书桌了。父母询问他原因，小孩会说："我收拾了书桌，但是你没有给我玩具。"如果这家的爸妈听了孩子的话之后立刻去买玩具来奖励小孩，那么时间一长，当这个小孩子长大之后会以此为由要求爸妈给他买更昂贵的东西，或者，从此罢手再也不整理房间了。只不过，这只"小海豚"脑海中形成的条件反射对他的成长貌似不是很有益处。

斯金纳老师说道："员工为了月底的老板打到自己银行卡上的那一条小鱼而去加班加点地工作。就连海豚的老大——驯兽师，也逃不过这个循环，他们也像海豚一样，一次又一次地表演那些重复的动作去博得观众的开心，然后等待放到他们嘴里不同的小鱼。

"各位知道'巴甫洛夫很忙……巴甫洛夫正在死亡'这句话吗？家人朋友来到巴甫洛夫家的门前，想与他寒暄几句，可是却被巴甫洛夫拒之门外。他不是冷血，不是在向万能的主祷告，不是在立遗嘱，他在利用人生最后的时刻，不断地向坐在身边的助手口授生命衰变的感觉和自己日渐糟糕的身体状况，为科学留下更多的材料。"

大家都学过这篇课文，也对巴甫洛夫老师更加敬佩。

"巴甫洛夫也是一只海豚，但是他头顶上的皮球是对科学的实验研究与突破，而驯兽师手里的那条留给他的鱼，是人类在生物科学上的另一个里程碑。"斯金纳老师说。

第四章
荣格讲"性格"

本章通过4小节，详细介绍了心理学中的性格问题。内容翔实风趣，文字幽默易懂。本章中的老师荣格被公认为伟大的心理学家，他用大量佐证及游戏传播了自己的心理学思想，同时让读者在读透心理学的同时，也能在生活中对性格有一定的了解。本章适用于希望了解性格的读者。

卡尔·荣格（Carl Gustav Jung）

瑞士心理学家。1895年，荣格进入巴赛尔大学主修医学，在校期间发表了关于神学和心理学的演说，但在学习过程中，他逐渐放弃了神学，转向精神医学研究，并进行了很多临床试验。荣格曾与弗洛伊德合作进行理论研究和探讨，但后来二者在理论上产生了极大的分歧。荣格认为"情结"是控制人心理的一个重要因素，而每个人的人格也会因为"情结"而不同。

荣格曾任国际心理分析学会会长、国际心理治疗协会主席等，并创立了荣格心理学学院。他的理论思想和研究方法对心理学研究产生了深远影响。

第一节　为什么他们的人缘这么好

孙昱鹏想约一个女同学吃饭，但却不好意思开口。张栋兴嘲笑他："你平时跟我们不是挺能说吗？怎么一到关键时刻就掉链子？长这么黑，还害羞？"

孙昱鹏恼羞成怒要打他，张栋兴赶紧躲开："哎呦，该上心理学了，我先走了！"

到了课堂，荣格老师正好在说开场白："你们是否经历过这样的画面：午休时间，办公室或者教室中的一群人坐在一起，嬉笑打闹，开心地聊着当天的新闻八卦。你羡慕地望着这群人，迫切地想走过去成为他们中的一员，可是却因为害羞或者胆怯而败下阵来，最终只能独自一人吃着午饭或者忙着手头的工作，心中默默唱起'我寂寂寞寞就好，我不需要人来安慰我……'你的脑海里，一定问了自己千百遍'为什么他们的人缘这么好'？"

张栋兴听完，坏笑着戳了戳夏楠，他俩一起对着孙昱鹏笑了起来。

荣格老师莫名其妙地看了三人一眼，继续说道："各位都看《非诚勿扰》吗？舞台上光彩夺目的24位女嘉宾无疑成为了焦点。有的女孩长得漂亮，但却性格孤僻，台下也寡言少语，在舞台上站了一个多月也没有牵手成功；但是有的女孩尽管相貌平平，一举一动都十分惹人喜爱。"

张栋兴点点头："是呀，乐嘉解释说，性格的不同导致了人际关系的不同，如果你天生内向，不爱交流，那么就算有人主动找你聊天，也一定会被你的沉默弄得不知所措。"

荣格老师："我们都知道有的人内向，有的人外向。究竟什么是内向，什么是外向呢？我来给各位具体解读一下。"

1913 年，在慕尼黑国际精神分析会议上荣格第一次提出了内倾型和外倾型这两个概念。

这两类性格是根据人类的心理能量指向来划分的。当一个人心理能量的活动倾向于外部环境，这类人就是外倾型，也就是我们所说的"外向"；如果倾向于自己，那么就是内倾型的，也就是"内向"。（见图 4-1）

通常情况下，外倾型的人更加关注外界活动，他们活泼开朗，喜爱交际；而内倾型的人则更注重于主观世界，经常沉思内省，性格孤僻，冷漠寡言。

一个人生来就是外倾型的性格，喜欢和他人交流，那么他的人缘一定不会很差。

图 4-1 外倾型和内倾型

荣格老师说道："美剧《生活大爆炸》里面的佩妮就是一个外倾型的女孩，再加上惹火的身材与脸蛋，走到哪里都讨人喜欢。相反，博士拉杰什一看到女孩就会脸红，如果不喝上两杯，连跟女孩说话的勇气都没有，所以他生活上的好朋友也只有几个。不过人缘不单单是由先天性格决定的，还有一部分与后天的个性息息相关。"（见图 4-2）

火先生　水先生

图 4-2　火先生与水先生

夏楠点点头。不错，有的人可能性格很内向，假如他生活在一个复杂的交际圈里面，那么他会被环境逼迫变得善谈。《红楼梦》里面的林黛玉就是一个典型的多愁善感的内向女孩，但是大观园这个水深且浑浊的地方慢慢将她打造得八面玲珑，和谁都能侃上一两句。

还有《鹿鼎记》中聪明伶俐的韦小宝也是因为自小就生活在妓院，后来阴差阳错来到宫中做了一个假公公。妓院、皇宫这两个地方都十分能锻炼人的交际能力，所以书中的韦小宝既能在灵蛇岛化险为夷，又能巧妙地从胖头陀手卜逃走。就连素未相识的陌生人都能与他称兄道弟，皇上、天地会的朋友以及洪教主都视他为亲信。他的人缘可是数一数二的。

张栋兴说道：我曾经在新东方遇到过一个英语外教，名叫詹姆士。记得第一天上课，他很快就跟我们打成一片，有说有笑。有时见到有人在他的课上吃东西，他就会拍一拍自己圆滚滚的肚子，自嘲"你想变得和我一样吗？那就继续吃！"由于他幽默的语言，滑稽的动作，班上的学生都很喜欢他。就算是课下，他也会表情夸张地跟我们打招呼。不了解的人一定会说他是个外向型、性格开朗的老师。实则不然，另外一位老师跟我们聊起詹姆士，说"詹姆士是个很害羞的人，每次上课以前他都特别紧张，以至于有时候十分钟要跑好几趟厕所"。事后，我和詹姆士有一次聊天提起这件事，他挠了挠头，告诉我其实他不是看上去那么的健谈，因为他是一个老师，为了不让课堂变得死气沉沉，不得不想办法勾起学生们的兴趣，引大家发笑。

荣格老师抚掌笑道："不错，谢谢你的例子。由此可见，后天的环境的确是塑造人个性以及人缘的一个重要因素。再回过头来细数我们身边的朋友，其实很多都是如此，被学校或者工作环境逼迫得不得不去跟人交谈。好比你是一个记者，但是你又尤为内向，如果你不强迫自己去和别人沟通，那百分之百你会很快丢掉这份工作。"

无论是先天的外倾型性格还是后天培养出来的健谈，这些也只不过是人缘好的一部分因素，更多的关键缘由则是你这个人品质的好坏。

莫泊桑笔下的"漂亮朋友"，最初凭借着自己的一张嘴和好看的相貌与很多上层社会的人交上了朋友，后来还收获了爱情，可是久而久之，他花心、恶毒、空无实才的真实面貌一一暴露在众人眼中，导致很多人对他心怀不满。

尽管故事的结局暗示他日后会步步高升，不过恶人早晚会有恶报，相信他优雅的假面会被越来越多的人揭穿，流落街头无疑是他最终的宿命。

荣格老师总结："所以，无须去羡慕他人，一颗耿直的心远远好过那些花言巧语的嘴，只要你有一颗正直善良、乐于助人的心，总会有人发现你的光芒并且愿意与你成为至交，哪怕你这个人再怎样害羞，也会收获很多朋友。"

第二节　你有几个性格

孙昱鹏问："荣格老师，我觉得我有时候很开朗，有时候又很害羞，这是怎么回事？奇怪吗？"

荣格摇摇头:"当然不,相信每一个人的内心里都居住着好几个不同的性格,在不同的时候,他们会偷偷地跑出来,没有人是纯粹的外倾型或者内倾型,绝大多数人都是两者兼有的中间型,只是在不同的场合应对不同的情景,体内的某一种性格占据了主导地位。仔细想想,你自己是不是有时候在众人面前表现得无拘无束,不拘小节,却会在深夜里触景生情,随落花而落泪。"(见图4-3)

听到"随落花而落泪"这句,夏楠和张栋兴又坏笑起来。

荣格老师:"在分析多重性格之前,我们要先区分一个定义,尽管两者听起来相像,但是多重性格不等于多重人格。"

多重性格不等于多重人格,多重性格几乎每个人都有,但多重人格则是一种精神疾病。

图4-3 多重人格与多重性格

多重性格是几乎每个人都有的常见现象,谁没有过莫名其妙地为小事多愁善感或者猛地一瞬间变成了话痨的经历呢。而多重人格是一种罕见且不可治愈的心理疾病,是指一个人同时具备两种以上完全不同的人格,这些人格会在你毫无察觉的时候突然冒出来。

通常,一个多重人格的人是不会察觉到自己是多重人格的,而多重性格的人记得自己是谁,上一时刻发生了什么,甚至可以找出让自己性格转变的原因。

夏楠想到,潘玮柏出过一张唱片,里面的主打歌是《二十四个比利》,歌词写的是"我是我,他是我,你是我,那我是谁?"许多歌迷感到疑惑,不知道这歌唱的是什么东西。

其实这首歌的灵感来自丹尼尔·凯斯的小说《二十四个比利》。这本书的主人公比利·密立根由于涉嫌多起强暴案件于1977年在美国俄亥俄州被捕，奇怪的是他对于自己的这些罪行居然毫无记忆。因为他本人就具有多重人格，包括比利·密立根在内，他一共有24个不同年龄、性别、国籍和智商的人格，比如22岁充满仇恨、有暴力倾向的雷根，躲在角落里，年仅3岁的克丽丝汀以及克丽丝汀的哥哥克里斯朵夫，还有女流氓艾浦芳，等等。

很难想象，一个人是如何同时承受这么多的角色，每个人格都会在不同的时间内单独出现，想象一下，如果一个多重人格患者一边抢银行一边报警求救，说"快来救我啊，这里有人抢银行"，那画面该有多搞笑。

荣格老师说道："一个人可以说自己有多重性格，但万万注意不要把两个概念混淆，说自己有多重人格，不用说，那一定会吓跑小朋友的。接着，就让我们来具体讨论一下个体性格的多样化。

"之前我们已经讲过了，根据心理能量的倾向可以将人分为内倾型和外倾型两种。同时，人的心理活动分为感觉、思维、情感和直觉四种基本机能。感觉告诉你存在着某种东西；思维告诉你它是什么；情感告诉你它是否令人满意；直觉则告诉你它来自何处和向何处去。"

按照上面四种技能与两种性格倾向的排列组合，人的性格可以分为八种。为了帮助理解，就用大家熟悉的星座来举例。

（见图4-4）

图4-4 星座

1. 外倾思维型

具备这种性格的人外向，偏重于逻辑思维，凡事都要以客观事实或者资料为依据，通过与外界之间的接触来激发自己的思想过程。有时会压制自己内心的情感，缺乏鲜明的个性，甚至会衍生为冷漠、傲慢等性格特点。水瓶座就具有类似的性格。

2. 内倾思维型

与第一种相反，这一类人比较沉默，不那么善于交际。除了借助外界信息来进行思考外，还经常沉思反省自己的精神世界。同样会压抑自身感情，喜欢沉溺于幻想，有时候固执，刚愎，容易骄傲。天蝎座是典型的代表。

3. 外倾情感型

这类人无疑是比例最大的一类，深受大众喜爱，他们开朗，喜怒哀乐都表现在脸上，好交际，寻求与他人和谐，又注重感情。三观正常，只可惜思维上不如前两种灵敏。多数火象星座都有类似的特点。

4. 内倾情感型

内向又敏感。这种类型的人思维压抑，喜欢把自己的内心世界包裹起来，保持隐蔽状态，不愿意让他人察觉。他们的喜怒哀乐常常是由内在的主观因素而决定。忧郁症的发病率在这一类人中尤高。多愁善感的巨蟹座无疑是这一类性格的代表。

5. 外倾感觉型

既外倾，又偏向于感觉功能。他们时刻保持头脑清醒，外部世界的经验积累多，随意，不固执，对事物并不过分地追根究底，大多数都是享乐主义者，压抑直觉。和这一类人恋爱往往很吃亏，因为他们喜欢追求刺激，对待情感浅薄。花心的射手就属于外倾感觉型。

6. 内倾感觉型

内向并且依靠感觉做事。他们远离外界，常沉浸在自己的主观感觉世界中，情绪行为深受心理状态的影响。大多数艺术家都出于此。完美主义，有一点小清新的处女座就是如此。

7. 外倾直觉型

喜欢凭借直觉做事，这类人力图从外界事物中发现各种可能性，并不断追求新的可能性。再加上开朗、善谈的性格，他们十分有可能会成为新事业的发起人，不过容易半途而废，需要努力坚持到底才能成大器。顾虑极多的双子座往往就是如此。

8. 内倾直觉型

与上一种性格的人相同，喜欢依靠直觉，不同的地方是他们选择去从精神现象中发现各种可能性，不关心外界事物，善幻想，典型的理想主义者，观点新颖，偶尔会有一点稀奇古怪，让人不知所措。摩羯座的人逃避不了这样的命运。

荣格老师："这就是我总结出来的八种基本性格，但是根据实际情况来看，许多人有着两种以上的性格，甚至有的人八种都具备。每个人也都可以灵活巧妙地运用感觉、思维、情感和直觉四种基本机能，只不过侧重点不同罢了。"

无论是外倾型还是内倾型的人都有机会成就大事。所以，如果你看到你的朋友本来是属于性格孤僻、不爱交谈的内倾型人，突然站在台上像领导人一样帮助大家指点迷津，谈规划，聊理想，你也不用过于感到稀奇，那只不过是他多种性格中外倾型的那一个偷偷跑了出来而已。

荣格老师："废话不多说，各位赶紧依照自己平时的行为举止，来找一找自己到底有几个性格吧！"

第三节 羊群去哪儿了

荣格老师笑道:"前几年,大部分中国人都在关注热播的综艺节目《爸爸去哪儿》,春晚过后,一首《时间都去哪儿了》也引发了无数人的深思,前一段时间马航飞机事件不由得让人想问一句'飞机去哪儿了?'现在,我要提出一个新的问题——羊群去哪儿了?"

大家不由得面面相觑。

荣格老师给学生们展现了这样一个场景:

在一片辽阔的大草原上,许多只羊簇拥在一起安静地吃草。这个时候,如果碰巧有一只羊有一点无聊,就自顾自地向远处溜达,想欣赏一下前面的风景,但是,这么一个小举动可能会导致剩下的羊不假思索地跟着一哄而上,全然不去思考这样做的意义,也不考虑不远处等待他们的是一只饥饿的灰太狼还是风景秀美的青青草原。

不光如此,如果你在一群羊面前横放一根木棍,假如第一只羊跳了过去,那么第二只、第三只也会跟着跳过去,就算这个时候你把木棍拿走,后面的羊也会照旧模仿前面羊的动作,走到那个位置,然后向上跳一下。

这就是著名的"羊群效应",也被称作"从众心理"。

"这样的现象不单单发生在羊群之中,在我们的日常生活中也比比皆是。实验表明,人群之中只有四分之一到三分之一的测试者没有发生过从众行为，保持了独立性。我们常常受到多数人的影响而无法自己判断，认知上表现出符合于公众舆论或多数人的行为方式。比如，逛街的时候，当一家店铺的门口聚集了很多人时，我们也会忍不住跟着走进去看一看，尽管我们根本不知道这家商店里面卖的是什么东西。"荣格老师说道。

首先，让我们来看看经济学对此的解释。

羊群效应最早出现在股票市场中，很多新入手的投资者由于信息的不充分和对现状的不了解便会盲目地效仿别人，购买大家都在购买的股票。调查结果显示，即使在股票行情上升 130% 的 2006 年 A 股大牛市中，仍然有近乎 30% 的投资者是亏损的，一个重要原因就是盲目从众。

从众行为不仅让投资者放弃了自己的想法，冒着极大的风险下注，同时还加剧了市场的波动，在股市涨的时候投资者的热情也随之高涨，股市跌时则搞得人心惶惶，甚至还有可能出现泡沫经济。

荣格老师说道："具体分析之后我们可以发现，从众心理主要由三个因素导致。"（见图 4-5）

第一个就是群体因素。一般来说，群体大规模地一致同意某个观点时比较容易使个人产生从众行为。

想象一下，你去参加一个音乐会，在最后一首曲子演奏完之后，从第一排开始每一排的人都依次站起来鼓掌，轮到

> 从众心理受到群体因素、情感因素和个人因素共同影响产生。

图 4-5　从众心理

你这一排时，无论你是否真的喜欢这场演唱会，你都会跟着站起来鼓掌。其实，有可能整个观众席里面，真正欣赏这场音乐会的人也不过几个，最初站起来鼓掌的人也不过只有一两个。

第二个是情景因素。当信息模糊又在权威人士的影响下，个体容易产生从众效应。安利就是一个不错的例子。安利纽崔莱的产品多数都是经过美国权威机构研究出的成果，大众对这一类产品现有的信息了解得少之又少，两者结合，导致许多朋友选择购买安利的产品。

最后一个就是个人因素。根据性格分析与研究，人的性格主要分为外倾型和内倾型两种。从众心理在不同人的性格特点上反应也不同。内倾型的人内敛沉默，性格软弱，逆来顺受，多数情况下是不愿意站出来提出自己的观点或者特立独行的，所以易于从众。（见图4-6）

外倾型的人喜欢表现自己，突出自己与他人的不同，领导力强。相比之下，外倾型的人可能会对大众的选择提出质疑，然后表达自己的想法。

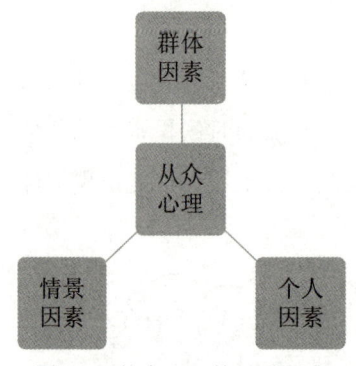

图4-6　从众心理的三重因素

荣格老师发问了："那么从众又有什么弊端呢？"

夏楠："盲目从众可能会导致个性的消失。"

荣格老师肯定道："不错。现如今，有些家长希望自己的孩子有一技之长，也不管孩子的兴趣与天赋盲目报名参加一些大家都在学的奥数、小提琴、芭蕾舞学习班，为的是让自己家的宝贝赢在起跑线上。电视剧《武林外传》里面的佟掌柜为了让侄女小贝多一些技能，便把周末甚至晚上的时间都用上，请人教她画画，学书法，吹箫，到头来什么也学不精，劳民伤财不说，还把小贝玩的时间给剥夺了，影响了性格的发展。如果继续下去，结果只有一个，就是小贝的个性消失。"

张栋兴说道："从众会给人带来匿名感，让人做事无所顾忌。这种现象在中国尤为常见，比如，过马路的时候不管是红灯还是绿灯，有车没车，只要一个人带头闯红灯，剩下的人便会跟着闯。就是这种从众心理让许多不文明、违背规则的事情成为屡禁不止的社会现象。"

孙昱鹏也说："从众心理附带了湮没感。群体的共同行为非常容易给个人带来湮没感，从而扼杀了奇思妙想的观点，让人没有创新思维。"

荣格老师点点头："确实，众所周知，今日留学已经成为大众主流。很多留学生尽管手拿高分的成绩单却还是被美国大学拒绝，原因十分简单：他们的思维不够活跃。相比于中国教育，美国的大学更重视学生的 creativity（创新）。他们偏重于培养年轻人的批判性思维，课堂上让学生去自我发挥，就连考试的试题也是开放性的，没有固定的标准答案。而中国的老师则实施题海战术，在书上画好知识点让学生去背。课堂上老师问了一个问题，台下却鸦雀无声，有的怕出风头，有的明哲保身，无一例外其实都是从众心理在作祟。

"当然，也不是说所有的从众心理都是负面的。在面对客观存在的真理和事实面前，我们应当选择'从众'。例如'地球是圆的''羊有四条腿'这些公认的常识是每一个人都认可的，如果你偏要站起来说'放屁，羊有七条腿'，那估计你极其有可能被人抬到精神病院里面去。"

演讲家马丁·路德·金在发起黑人运动的时候，假设所有人都拒绝从众，对他的观点拼了命地反驳，那么估计今天奴隶制还没有废除。像这样的从众就是积极的，值得弘扬的。

"总而言之，我们要学会运用自己的思维去思考问题，在看到别人都这么做的同时还要想想这样做对自己有什么好处，以及这种做法是否正确，然后再决定要不要跟从。"荣格老师总结道。

第四节　多种多样的情结

荣格老师："提到情结，尽管每个人的脑海里都或多或少有一个概念，但若真要解释这个词还是有一定难度的。最早提出这个词的人就是我，现在越来越多的人接受并认同情结的存在，它已经成为心理学上的一个重要概念。由于各派学说各持己见，我们很难给情结下一个准确的定义。

"我对其的理解，是无意识之中的一个结，可以把它想象成居住在我们内心的一群无意识的感觉和信念交错在一起，形成了一个结。这个概念很抽象，它控制着我们的行为和想法。"

荣格老师的话，让夏楠想到电影《马达加斯加3》里面那只叫维塔利的老虎，它就有一种"火圈"情结。维塔利以前曾是马戏团的顶梁柱，为整个马戏团带来了无数的好评和荣耀，不幸的是，在一次跳火圈表演中，维塔利被火烧伤，从此马戏团的名声也一落千丈。数年之后，它依旧拒绝上台表演，也不许别人再提陈年旧事，甚至看到以前表演用的铁圈都会被吓得失魂落魄。这个故事也体现了荣格老师的另一个观点——"原型"。

荣格老师认为所有的情结都是从一个原型演变来的，就像维塔利的"火圈"情结是由于一次跳火圈表演的失误，而且他所有的行为都在刻意或者无意地去逃避有关火圈的话题，这个"火圈"就是他情结的原型。

荣格老师说道："我们每个人的心理都是由好几种情结一起组成的，其中，只有造成有害行为的情结才被视为心理疾病。最常见的两种情结叫作阿尼玛和阿尼玛斯，有点类似我们熟悉的恋母情结和恋父情结。"

阿尼玛是每个男人心中都有的女人形象，它包含着女性身上所有男性喜爱的特点，可以理解为男人心中的"梦中情人"。荣格还认为阿尼玛是一种与生俱来的遗传因素，是一个人的所有祖先对于女性的印象遗留下来的痕迹。

也正是因为阿尼玛的存在，我们男人才会在和女性接触时产生一些自然的生理现象或者情绪上的变化，所以只有与女人交往的过程中，阿尼玛才能得以显现。（见图4-7）

图 4-7　阿尼玛人格

众所周知,大部分男人最早接触的女性是照顾自己的母亲,所以母亲往往是男人心中阿尼玛的化身,即我们刚才所提到的原型。如果一个男人的母亲性格变化无常,脾气暴躁,那么这个男人心中阿尼玛的形象也就会表现出不好的一面,从而使他对女性的印象也是如此。相反,要是他的母亲温文尔雅,善解人意,阿尼玛就会表现出类似的样子,他对女性的印象也不会有太大的差别。

阿尼玛斯与阿尼玛的概念大致相同,只不过阿尼玛斯是女人心中的男人形象。阿尼玛斯可以是父亲的形象,也可以是哥哥、叔叔、男老师甚至是娱乐圈中的偶像。文学作品中的《青蛙王子》和《美女与野兽》就是少女心目中阿尼玛斯的投射,对于尚未成熟的少女,她们心中的阿尼玛斯是青蛙、野兽,而成熟少女的阿尼玛斯则变成了王子。

荣格老师笑着说道:"除了几种心理学公认的情结之外,随着社会的发展,出现了多种多样有趣的情结。最常见的一种是'约拿情结'。简单地说,就是对成功的恐惧。其表现是很多人在面对机遇时产生自我逃避心理,不敢挑战自己,完成本来可以做到更好的事情,无法挖掘出自己潜在的能力。"

夏楠在心理学课程上也学到过,约拿情结主要有两个基本特征,一方面是对自己成功的逃避,还有一方面是对他人成功的嫉妒,乃至幸灾乐祸。这种情结其实十分奇怪,因为拥有这类情结的人本身是相信自己有能力,并且渴望成功的,但是又时时逃避,不愿意展现自己。(见图4-8)

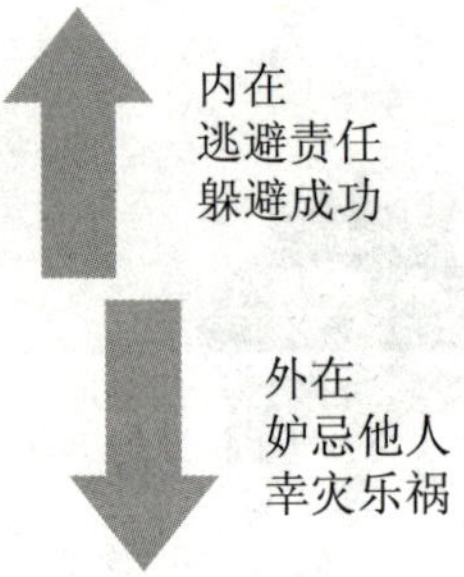

内在 逃避责任 躲避成功

外在 妒忌他人 幸灾乐祸

图4-8 约拿情结

当约拿情结发展到极致,会变成"自

毁情结"。就是当我们收获幸福、成功时，会出现"我不配""我受不了了"的念头，摧毁原本到手的幸福。

"还有一种情结，叫作救世主情结。这是一种过度乐于助人的表现，"荣格老师说道，"有这类情结的人有着强烈的使命感，无时无刻不在思考如何解救他人于水深火热之中。它和正常帮助别人的区别在于，有救世主情结的人总是幻想出别人的困难，放大他人的痛苦和需要，甚至不惜牺牲自己去满足别人。一旦在助人时遭到拒绝，就会产生极大的心理波动，不管对方答不答应，死皮赖脸地追着要帮助别人。"

张栋兴试探着说："假设，一个女孩有救世主情结，碰巧她的男朋友又十分邋遢，那么这女的一定会竭尽全力地帮她男朋友收拾屋子，监督他养成良好的习惯。可能这男生并没有多大的毛病，只是喜欢乱放东西而已，但是在有救世主情结的人眼里，这是自甘堕落，需要被拯救的表现，这样一来，原本芝麻大小的问题被夸大，劳民又伤财。"

荣格老师赞许道："不错。而我们要说的最后一种情结是最近尤为流行的一个词——处女情结，是指男人内心希望自己的女朋友没有与别人发生过关系。很多人把这个视为尊严问题，其实不过是男性占有欲的一种表现罢了。有这类情结的人，轻者，唠叨，心里抱怨；重者，分手离婚。"

夏楠点点头，确实，我们很难对此评价什么。女人贞洁自爱的确是一件好事，但这毕竟不是一段感情里面最关键的因素。

荣格老师回忆道："我记得有一对情侣，他们在一起7年了。有一天，男的跟女孩说分手，原因是另一个女的跟他表白了，而且这女孩是第一次，他现在的女朋友不是。因为这个男人的处女情结，两个人就分道扬镳了，可是不曾想，男人和新欢结婚两年后，女人为他怀了第一个孩子，生产的时候医生走出来说："真搞不懂现在的男人是怎么想的，你老婆打过几次胎啊，子宫膜薄得连孩子都兜不住。'"

大家听完后，都跟故事里的男主一样惊呆了。

荣格老师正色道："话说回来，既然选择了去爱一个人，就要接受她的全部，包括那段可能没人愿意回忆的过去。不要因为这种小事，而弄丢了那个真正爱你的人。"

第五章
艾宾浩斯讲"记忆"

本章通过 3 小节，以图文并茂的方式让读者对"记忆"有了一定的了解。适用于希望提高记忆的读者。

赫尔曼·艾宾浩斯（Hermann Ebbinghaus）德国心理学家。艾宾浩斯早年在德国波恩大学学习历史学和语言学，并于 1873 年获得博士学位。此后，他在费希纳的影响下开始用实验方法研究记忆，从而走上了心理学研究道路。

艾宾浩斯最重要的心理学贡献是对于人类记忆原理的研究。他所提出的"遗忘曲线"至今仍是记忆研究领域不可或缺的组成部分，作为奖赏，心理学界也将他这一理论称为"艾宾浩斯曲线"。

第一节　跟着艾宾浩斯老师背单词

"你借夏楠的游戏机怎么还不还？"张栋兴打了孙昱鹏一下。

孙昱鹏一拍脑门："哎！我又忘记了！你也知道我这脑子……"

夏楠说："明天你一定要记得带来，现在，我们先去上心理课吧！"

三人来到教室前，正好听到艾宾浩斯老师开了口："在介绍这一章的主要内容之前，我们先来做一个实验。我给出三段长度在二十个字之内的句子，请你专心记忆，还要记录一下自己记住每一个句子用的时间。"

第一个句子是"人们总会因为浪漫而记住一段感情"。看完之后，请你把书合上默写，或者闭上眼睛在脑海里默背一遍，然后算一算大概用了多久。

第二个句子是"帝高阳之苗裔兮，朕皇考曰伯庸"。看完之后，请你再次把书合上，像刚才一样，默写或者背诵一遍，然后记录时间。

最后一个是"asdfghjklmnbvcxz"。看完之后，请你继续重复刚才的动作。

夏楠想了想，第一个句子是知名香烟品牌 Marlboro 代表的含义——Man always remember love because of romance only，翻译成中文就是"人们总会因为浪漫而记住一段感情"；第二个句子的出处是两千年前战国时期楚国人屈原的名作《离骚》中的第一句话；而最后一句是什么呢？

　　实验结束后，答案不出所料。第一个句子最好记忆，因为是我们随口就能说出的现代文，第二个就不是那么的容易了，两千多年前的楚辞和现在的语言比起来还是有一定的差异，但是多读几遍之后可以发现它的规律，因此也不是那么难，而最后一排杂乱无章的字母费时就要长一些了。

　　艾宾浩斯老师笑着说："最后一排，只是我从键盘最左边按到最右边然后再从下面一行倒着按回去所打出来的无意义字母。如果你记录的时间精准，那么你会发现，记忆第三个句子所用的时间是第一个句子的9倍左右，是不是被我说中了？"

　　夏楠知道，这不是巧合，而是艾宾浩斯老师辛辛苦苦研究出来的理论。

　　艾宾浩斯老师说道："当年为了深入了解人们的记忆规律，我发明了无意义音节。为了证明记忆无意义音节的速度与记忆有意义材料的速度是有差异的，我识记拜伦的《唐璜》诗中的某一节段。其中，每一段有80个音节，大约每读9次便能记住一段。随后我又去识记80个无意义音节，发现完成这个任务大约需要重复80次。在其他的实验中，结果也是如此。于是，我得出结论，人类学习无意义材料会比学习有意义材料要难9倍。"

　　艾宾浩斯老师继续说："如今，随着文化的交融，英语已经走入我们的生活并且占据了尤为重要的一部分。在英语学习中，单词无疑是我们面对的首要挑战。许多学生经常抱怨，为什么记单词这么难啊。原因非常简单，英文字母对于我们来说是十分陌生的，尽管和我们小时候学的拼音有异曲同工的地方，但是它的排列组合和发音是我们从未见过的，所以记忆时就好比在记忆一群无意义字母，就像刚才的第三句一样。"

夏楠叹息一声："那我们是不是真的要花费9倍多的时间去学习英语啊？"

艾宾浩斯老师说道："当然不用。英语有它独特的组合方式，只是大多数人都不是很了解而已。英语和中文的区别在于一个注重发音，另一个更偏向于形意。你看到一个英文单词，你可能不知道它是什么意思，你却能读出来；中文则是，你看的一个字，你可能不会读，但你大致能猜到它要表达的意思。由此可见，对于发音和拼写方面，只需要背好元音辅音之类的就搞定了。"

"另外，如果仔细观察，你会发现原来英语也有它自己独特的偏旁部首——词缀。"艾宾浩斯老师说道。

除去极个别现象，大多数形容词在最后面加上个 ly 就会变成形容词，比如 extreme（极度的）和 extremely（极度地），total（全部的）和 totally（全部地）；还有 ful 结尾的词往往都是形容词，像 fanciful（幻想的），colorful（多彩的）等。

尾缀除了代表词性之外有时候也有独特的意思。所有以 phobia 结尾的词都是指一种恐惧症，apiphobia（恐蜂症），triskaidekaphobia（数字13恐惧症），bactrachophobia（爬虫恐惧症），还有一个特别有趣的 hippopotomonstrosesquippedaliophobia（长单词恐惧症）。（见图5-1）

图 5-1　背单词

不光是尾缀，许多前缀也是如此。inter 这个前缀的意思就是"相互的"，我们都知道 act（作用）和 dependent（依赖的），再加上前缀 inter 立马变成了 interact（相互作用）和

interdependent（相互依靠的）。前缀 Sub 常常用来表示"下面"，例如，conscious（意识的）和 subconscious（下意识的），script（稿子，脚本）和 subscript（脚注的，下角标的）。

艾宾浩斯老师笑着说道："对于一些单词，我们还可以使用联想记忆法。Reluctant 这个单词的意思是勉强的，发音类似于驴拉坦克。一想到驴拉坦克，自然而然就会觉得这种行为十分勉强，接着就能记住它的发音和意思。Morbid 的发音特别像"毛病"，它的中文意思就是有病的。幽默风趣又实用，由此可见，联想记忆也是一种很好的方法。"（见图 5-2）

图 5-2　联想记忆法

在熟悉了英文单词的发音规律和联想记忆法之后，是不是觉得英语单词也不是那么难背了？不过，要想永久地记忆英文单词，我们还需要日常的复习，这一方面，艾宾浩斯老师更有发言权。

"为了牢固记忆，复习与自测两者是缺一不可的。根据时间的规划分布，我们可以把复习与自测分为两种，一种是定期的，另一种是随机的。"

"如果我平均每天教你五十个单词。为了能熟练地掌握这五十个单词，你必须给自己制订严格的计划，并且按时执行，要求自己每天晚上睡觉前找人帮你听写一遍，如果条件不允许，你可以把英文和中文意思分开写，然后盖上英文，看中文想单词，再盖上中文，看英文回忆发音和释义。此外，每周星期天休息的时候，再从头到尾看一遍单词，及时查漏补缺，遇到问题马上解决。当一个单元学完之后，自测一下这个单元的内容，或者可以把单词分类记忆，比如，把同义词放到一起背或者把形近的单词挑出来归为一类，这样一来效率会高很多。"

著名教育机构新东方有一位名叫王可奕的老师对记单词颇有研究。她让同学准备一些小卡片，一面写英文，一面写中文，这样学生可以在课间随时记忆背诵，甚至在一些不能四平八稳坐着看书的情况下背单词，坐地铁公交或者吃饭的时候都能拿出来看上两眼，记一两个单词。

张栋兴说道："每个人的生理特点、生活经历不同，有着不同的记忆习惯和思维模式。有的人喜欢依靠发音去记单词，有的人则更偏向于中文释义和拼写结构。"

艾宾浩斯老师笑着说："不错，我提出的记忆对你们只能起到一个催化剂的作用。如果你选择背单词的方法和你的思维习惯相吻合，那么就如顺水推舟，一日千里；相反，如果两者相悖，记忆效果就会大打折扣。所以，我们要根据每个人的不同特点去挑选自己的记忆方式。但是，无论是哪一种背单词的方法都需要我们持之以恒，不能半途而废。三天打鱼，两天晒网的做法只会让努力白费，即使再聪明的脑子、再高效的做法也无济于事。"

艾宾浩斯老师说道："我在新东方的另一位英语老师，拉里，在外国人出没频繁的中关村做过一个有趣的实验。拉里老师凭借自己玉树临风、潇洒倜傥的外貌分别主动跟中国女孩和外国女孩搭讪，并观察她们的反应。每次，他刚刚走到中国女孩的身边说道'美女，可以认识一下吗？'就被无情地拒绝，十几个女孩中没有一位搭讪成功。但是，外国女孩就十分热情，不仅留下自己的手机号，甚至还赠送给拉里老师一个热情的拥抱，可谓百发百中。"

艾宾浩斯老师到底想说什么呢？大家都一脸迷茫。

艾宾浩斯老师笑着说:"拉里老师是想告诉大家一个深刻的道理,那就是男同胞们赶紧学好英语,背好单词,去美国泡妞吧!"

第二节 遗 忘 曲 线

艾宾浩斯老师说道:"前几年,有一档名叫《最强大脑》的科学类综艺节目在江苏卫视播出,上映之后引起了全国观众的关注。里面的选手个个身怀绝技,要么是勤奋努力的学霸,要么就是百年不遇的神童。"

夏楠也看过那期节目,毕业于武汉大学的王峰的能力就让人大开眼界,他2009年首次参加世界脑力锦标赛即成为当时综合实力世界第五,之后又在2010年、2011年连续两年获得世界脑力锦标赛总冠军,被评为中国第一的"世界记忆大师"。

艾宾浩斯老师说道:"王峰的挑战项目叫作'瞬时多信息匹配',主持人将随机20把钥匙分配给20个模特,任选一位模特,王峰需要找出钥匙并打开对应的锁。就连台下的评委也觉得这样的任务实在是太难,几乎不可能完成,王峰做到了。除了王峰之外,还有孙彻然的盲填数独、黄金东的二维码瞬时记忆,也令人印象深刻。"

看着这些神奇的选手,台下的观众一定会情不自禁地问上一句,"他们是怎么做到的?莫非世界上真的有人可以过目不忘?"

艾宾浩斯老师说道:"刚才我们已经讲过复习的重要性和规律,其实这些都是根据遗忘曲线算出的。遗忘曲线是我以自己为受试者进行实验之后得出的一条用来描述人类大脑对新事物遗忘规律的曲线。"

在实验期间,艾宾浩斯老师要求自己记忆 100 个,像 HFY、KSJ、XZU 之类的无意义字母。他先按顺序读过一遍,再默写一遍,查看自己掌握了多少,然后再读再写,直到自己可以完全依序默写出来为止。数小时之后,再进行一次默写,几天之后,再默写一次。

实验重复多次之后,艾宾浩斯老师拿自己默写的结果和原材料对照,发现假设我们认为刚刚记忆完之后的记忆量是百分之百,那么二十分钟以后我们的记忆只剩下不到百分之六十,一个小时以后是百分之四十左右,接着,一天后是百分之三十二,两天后变成百分之二十七,一个月后是百分之二十。这就是著名的遗忘曲线。(见图 5-3)

图 5-3 人的遗忘曲线

艾宾浩斯老师说:"这条曲线告诉我们,学习中的遗忘是有一定规律的。我们记得越快,忘得也会越快,而且遗忘的进程是先快后慢,学习的知识如果当天不抓紧复习,那么第二天就只剩下原来的三分之一，不过随着时间的推移，遗忘的速度会逐渐缓慢，遗忘的数量也在相对减少，从数据中我们可以看到两天之后和一个月之后的记忆量之间不过相差了百分之七，不过遗忘的速度是不均衡的，我们只能根据遗忘曲线而得出一个大概。但是只要按照遗忘曲线进行复习，学习就会变得越来越高效。

"由于记忆是一种高级的心理过程，受许多因素影响。为了能给予人们有关记忆和遗忘的科学解释，我严格控制了环境和主观因素，对记忆进行了定量分析，最终在遗忘曲线的基础上又获得了以下几个主要结论。"

首先，材料的多少一定程度上是会影响记忆速度的。每当需要记忆的材料增长之后，一个人能流畅通读下来所需的时间也会随之增长。很明显，你背一首七言绝句和背一本书用的时间怎么可能一样。为了提高记忆速度，我们可以把记忆材料与日常生活联系起来，或者把记忆材料里面的内容相互之间建立联系，这些都比一个一个单独记忆要快很多，这就是艾宾浩斯老师从实验中收获的第二个经验。

其次，在一些古装剧中，我们经常看到私塾里面的学生捧着一本书摇头晃脑坐在那里读上一整天。正因如此，那时候的人们张口闭口都能引用上几个文学大家的名句，背诵默写唐诗三百首之类的更是不在话下。不是他们聪明，而是他们反反复复朗读诗词歌赋使得他们的记忆保持得更久一些，久而久之，积累下来的诗篇也就多了起来，所谓"熟读唐诗三百首，不会作诗也会吟"说的就是这个道理。

艾宾浩斯老师说道："众所周知，背诵和朗读两者是密不可分的，你只有把内容先读顺畅才能进行背诵。分散记忆比集中记忆要更加牢固。"

接着，艾宾浩斯老师举了一个《三国演义》的例子："这本书里面的英雄好汉可以说是数不胜数，如果你对这本书没有一点了解便试图强迫自己背下所有人的兵器坐骑和生平故事，那恐怕特别困难。不过，但凡你看过《三国演义》的原著或者看过电视剧，不用刻意去记忆些什么，你都能随口说出里面的台词和典故，而且很长一段时间内都不会忘记。"

夏楠点点头。前几年，一款名叫三国杀的桌游非常流行，无论游戏者的年纪大小，都对这款游戏非常着迷。尽管有很多三国杀的高手并没有看过原著或者电视剧，但他们依旧知道丈八蛇矛、方天画戟、贯石斧、诸葛连弩等兵器的名字。

最后一点就是对于不同类别的材料的记忆，遗忘曲线的形状也是不同的。

> 学习有意义的材料比学习无意义的材料速度要快得多，而且遗忘的速度也会变慢。

艾宾浩斯老师在关于记忆的实验中发现，学习有意义的材料比学习无意义的材料速度要快得多，而且遗忘的速度也会变慢。有时候我们背诵一些文言文，感觉到尤为拗口，甚至流利地读一遍都不是那么容易，可是，在老师分析翻译过一遍之后便会发现背诵起来简单了许多，日后回忆也变得十分轻松。（见图5-4）

图5-4　学习内容与学习进度

所以，在学习中，为了减缓遗忘的速度，我们要学会理解分析材料而不是一味死记硬背，这也就是为什么老师总是要求我们去体会作者的思想感情，了解故事背景。如果养成良好习惯，长期练习自己的记忆力，没准哪一天我们就会出现在《最强大脑》节目中。

第三节　真正的忘记是不存在的

"每个人的童年里都有过一段不堪回首的回忆，每个人的罗曼史中都有过一场撕心裂肺的恋爱，每个人成功前都有过一次颜面扫地的经历，就连牵绊一生的亲情友情也会有离别的时刻。这些不好的记忆，有些人可以鼓起勇气，大胆地面对，但有的人却挥手说自己早就忘记了。可是，你真的忘了吗？你又真的能忘记吗？"艾宾浩斯老师换了一种悲切的表情。

听完艾宾浩斯老师的话，夏楠若有所思。

艾宾浩斯老师说道："这就好比真正的谎言是不存在的一样。我们说谎是想对他人隐瞒一些东西，那些他人已经知道的谎言根本不能称为谎言，因为他们已经知道这个是假的，我们本想隐瞒的事情就被暴露了出来。而真正的谎言是那些我们所有人都深信不疑的事实。"

夏楠联想到了庞氏骗局。这个骗局就是把新投资者的钱作为回报付给之前的投资者，以诱使更多的人上当。（见图5-5）

投机商人查尔斯庞兹靠此"空手套白狼"，七个月吸引了三万的投资者，共收到1500万美元。在他被捕之前，所有人都相信他是个有能力的小伙子，在

图5-5　庞氏骗局

他身上看不到一点和谎言相关的东西。当时的美国大众以为谎言是不存在，但是它真的存在。

在他被捕之后，庞氏骗局登上报纸，很多人对此都有了些了解。如果再有人用类似的骗局来欺骗投资者，大多投资者会立马戳穿这个小把戏，因为他们已经知道了庞氏骗局的运行方法。

由此可见，真正的谎言是那些我们一直深信不疑，从来不会去质疑的事情，这种谎言把自己包装得不像是一个谎言，仿佛真的不存在一样。

张栋兴说道："同理，真正的忘记也是不存在的。当别人问起你，'皇上，您还记得大明湖畔的夏雨荷吗？'如果你说，'朕早就忘记了'，那便代表你根本没有忘记。要是你真的忘记了，对于别人的提问，你应该感到疑惑，第一时间想的应该是'夏雨荷是谁'？'大明湖畔又是谁'？而不是果断地说你忘了。"

艾宾浩斯老师说道："遗忘曲线，刚背完一段文字后的记忆完整度是百分之百，一天后会变成百分之三十五左右，一个月后只剩下四分之一不到。这些数据告诉我们的不光是记忆下滑的速度有多快，还告诉我们一件事情哪怕过去了一个月，你依旧会对它留有百分之二十的记忆。如果这一个月中，你又无意中想到了那件事，或者被别人无意间提起，那么你对这件事的记忆程度又会提高，如此反复，我们可以发现，忘记一件事情真的是非常难。"

孙昱鹏说道："我哥上大学的时候，参加过一个很重要的演讲。他十分激动，特意买了一身西装准备出席。当他进场的时候，很多的妹子都被他阳光般明媚的气质给镇住了，主动跟他搭讪，还把自己的手机号塞给他。我哥的心情自然是无比高兴，这时候，领导点名让他上台发言。他仪表堂堂地走上台前，向所有人微笑，点头致意。不过，很可惜，由于过于专注地跟周围的人打招呼，他没看到眼前的台阶，直直地摔倒在地上而且是脸先着地。从那以后，这件事情就成了大家的饭后谈资，他也自然而然地变成了一个众人皆知的人物，那段时间，每当有人见到他的时候，就会不停地拿他取乐，调侃他。"

艾宾浩斯老师说道："你哥哥自己肯定经常想起这段不美好的经历。这就导致本来一天后只剩下百分之三十五的记忆不断主动或者被动地一遍遍更新，剩下百分之六十五残缺的记忆也不断主动或者被动地一次次补全。如此数天之后，摔跤那天的每一个小细节都深刻地印在了他的脑海里，他想忘都忘不掉。"

孙昱鹏笑着说："没错，数年之后，老朋友聚会，大家无意中再一次谈起了那天的事情，我哥一笑而过，说'我早就忘了'。但事实上，他心里却一直在嘀咕，'这帮人记忆力怎么就这么好，过去了这么久怎么还记得！'"

夏楠问道："如此说来，想忘记一件事情是不是真的很难呢？"

艾宾浩斯老师："这就要从记忆的种类开始讲起了。我将记忆分为两类，一类叫瞬时记忆，另一类叫永久记忆。"（见图5-6）

瞬时记忆是指短时间内的快速记忆，这类记忆往往记得快，忘得也快。因为我们不会日后进行反复的复习和回忆。随着时间的增长，这类记忆就会被我们真的忘记。你还记得你高考数学的最后一道题吗？就算你刚参加完高考，你对那道题的印象肯定也不会有多么的深刻。但是，刚考完数学的时候，你几乎可以把题干中出现的每一个细节背出来，甚至还能

图 5-6　永久记忆与瞬时记忆

画出图像来。这就是瞬时记忆。

永久记忆是指那些经过我们反复训练已经印刻在我们脑海中的事物，这一类记忆不论过多久也不会忘记。好比，尽管我们已经很多年没有骑过自行车，但骑车这种能力是不会忘记的。

那些我们拼命想忘记的事情最开始都是瞬时记忆，不过，由于有的人对过去事情一次又一次的回忆，反而导致那些事情变得更加深刻、清晰。

除此之外，还有人去找亲密好友去询问如何忘记伤害过自己的那个他，这样的做法只会火上浇油。你和朋友的谈话只会使你对这件事的印象又一次加深。久而久之，无论是你自己的回忆，还是你和朋友谈话中勾起的回忆把原本几天就可以忘记的瞬时记忆变成了很难摆脱的永久记忆。

艾宾浩斯老师说道："所以，若想真正忘记一个人或者一件事，首先需要你自己放宽心，把这些事情看淡，将其归类到和上街买菜、吃饭一样平常普通的事情中。一旦你看开之后，你就不会一而再、再而三地反复纠结当时自己怎么可以那么傻，怎么会犯那么低级的错误之类的问题。既然你已经不再为这件事情困扰，你也就不会主动地找朋友去诉苦，询问救命良方。到一定的时间之后，这件事在你心中的分量就会越来越轻，遗忘的也会越来越多，最后你也就忘记了这不愉快的回忆了。如果你无意中看到了那些触景生情的人或事，立马告诉自己，这些都过去了，没什么大不了的，要是控制不住自己的情绪，就赶紧给自己找点事情干，因为忙碌的人从来不会把时间花费在没用的回忆上面。"

第六章
马斯洛讲"满足"

本章通过3小节,详细介绍了心理学中的"满足"。本章内容浅显易懂,文字幽默风趣,同时佐以大量例证与配图,让读者能切实理解"满足其实就是'得不到的永远在骚动'"。本章内容适用于在生活中满足感不强,渴望得到满足感的读者。

亚伯拉罕·马斯洛(Abraham Maslow)

美国著名社会心理学家,第三代心理学开创者,当代最广为人知的心理学家。

马斯洛是一个智力天才,早年学习法律,后转向心理学领域。在心理学的很多板块,马斯洛都提出了颠覆性的见解。他的主要学术成就包括提出了人本主义、需求层次。代表作品有《动机和人格》《存在心理学探索》《人性能达到的境界》等。

第一节　越有钱越不满足

一大早，夏楠的朋友何超凡就分享了自己昨天看到的笑话：一个央视记者采访《还珠格格》里面的尔康，问，"尔康，你幸福吗？"尔康点了点头，"嗯，我姓福。"记者问，"那你满足吗？"尔康点了点头，回答，"嗯，我满族。"记者又问，"你怎么幸福呢？"尔康说"因为我爸姓福。"记者不解，"为什么你爸幸福你就幸福呢？"尔康沉思了一会说，"因为……是亲生的。"

讲完后，何超凡哈哈大笑："当然，这只是一个笑话，具体是不是所有姓福的人都很幸福，满族的人都很满足，我们也无从知晓。"

夏楠说道："既然提到满足，正好今天的心理学老师是马斯洛，我们快去上课吧。"

来到课堂，马斯洛老师正好在讲课："人们通过追求不同层次的需求来满足自己，这些需求是激励人们行动的主要原因和动力。每个需求在不同时期的表现程度也是有区别的。人的需求往往是从最低端、最基本逐渐上升到内在的、精神上的追求，从最开始的吃饱喝足到日后对梦想的追求。"

"根据重要性和层次性将人的需求分为五种，这也就是人本主义中十分著名的'层次需求金字塔'。排在最底端的是生理需求，也是人类最重要的需求。呼吸、喝水、吃饭、睡觉、上厕所，这些都是人们最原始、最基本的需求，因为当这些需求不能被满

足时，我们将会面临生命危险。它是推动人们行动的强大动力，所有的文明都是在生理需求的基础上建立的。"（见图6-1）

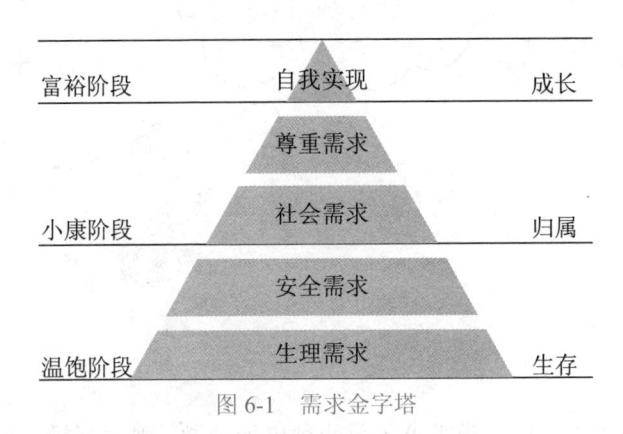

```
富裕阶段        自我实现          成长
                尊重需求
小康阶段         社会需求          归属
                安全需求
温饱阶段         生理需求          生存
```

图6-1　需求金字塔

马斯洛老师给大家设置了这样一个场景：

假设某天早晨醒来，你发现自己孤身一人躺在一个陌生小岛上，周围没有人类。此刻，你要做的第一件事就是寻找食物和可饮用的水源来维持自己的身体需求，然后再美美地睡上一觉。

当你正享受着美梦的怀抱时，岛上传来此起彼伏的号叫声，你开始意识到原来岛上还有其他的生物——狼。这时，你的需求就从生理需求上升到了安全需求。安全需求包括劳动安全、职业安全、生活稳定、未来的保障，等等。为了防止自己被吃掉，你开始学会依靠自己的双手制造火源来抵抗狼群，并且居住在一个不容易被狼群发现的树洞里面，还储存了一些果子和露水以备突发事件。（见图6-2）

在安全需求被满足之后，你开始祈求更多的东西，比如：关爱，归属，于是你开始收留一些无家可归的小动物，与周边其他和善的生物打交道。这就是第三层次的需求，社会需求，是指个体渴望得到家庭、团体、朋友或者同事的关心与理解，是一种感

> 人的需求层次都是由低到高的，一个连饭都吃不饱的人，不会去试图规划自己的梦想！

图 6-2　需求层次是由低向高的

情上的需求。这一类需求比前两种更加细微，难以捉摸。尽管我们可能很难察觉出来，但它的确存在于我们的内心。

经过一段时间的努力，你获得了自己的动物同伴。你们互相帮助，生存已经不再是问题，可是你的需求还在上升。狼群不定期的侵略激发了你的权力欲，你准备武器，制订计划，想清除狼群或者征服它们。对权力的追求是尊重需求中的一种，它还包括自我尊重、自我评价，以及从他人身上获得的尊重。这一类的需求很少能够完全被满足，但一丁点的满足就可以产生强大的动力，让你继续为剩下的部分努力。

最后就是自我实现。自我实现是最高等级的需求，是一种创造的需要，也是所有人一生中的最高目标。达到自我实现的人，往往会尽其所能，使自己达到完美状态，寻找到人生的巅峰。

马斯洛老师说道："我们需要知道，这五个层次要按照次序实现的，由低层次一层一层向高层次上升。如果低层的需求未被满足，那么高层的需求也不会被实现，就像一个人不可能在他连饭都吃不饱的时候去规划设计自己的梦想。"

在了解了人的五个层次的需求之后，何超凡想到一个故事。

有一天，某家企业的董事长由于醉酒而在街边睡了起来。一位路人认出了他，便打算上前扶他回家。可是这位企业家却说，"家？我没有家。"路人十分好奇，指着不远处的一栋别墅问他，"那不就是你的家吗？"企业家摇摇头，"那不是我的家，那只是我的房子。"

明明这位企业家已经腰缠万贯，过着所有人梦寐以求的生活，但是他却丝毫不感到满足。很多成功人士也是如此，他们常常眉头紧皱，烦恼无数，甚至有时还不如街边某家咖啡厅里的服务员笑得开心。

原因很简单，当一个人身无分文、食不果腹，流浪街头的时候，在地上捡到一块钱都会让他觉得是老天开眼了。对于刚才的那位企业家来说，他早已满足了生理需求和安全需求，一百块钱掉地上他可能都懒得捡。让这位企业家苦恼的是第三层的社会需求无法被满足，可能是由于他工作忙碌无暇顾及自己的感情生活，也可能是因为所有接近他的人看重的都是他的钱并非他这个人。捡到十块钱和找到真爱相比，所有人都会觉得前者要容易许多。

通常来讲，越低层的需求越容易被满足。而有钱人一般都会放眼去追逐更高层的追求，这些追求相比于温饱问题就要难得多。

马斯洛老师说道："对于生活在社会最底层的人来讲，他们每天的愿望可能就是一碗香喷喷的白米饭，但是对于那些上层社会的人，他们所面对的问题是一座大楼的建设，一项新政策的推出，等等，相比于这些，一碗白米饭是不是就显得简单许多，也更加容易满足。"

新年期间电影院上映了葛优主演的贺岁片《私人订制》。宋丹丹扮演了一位身价过千亿的有钱人，尾声的时候葛优说，现在哪个有钱人不是欠了银行一屁股的债，这些家产过千亿的主儿每天一睁眼就要还银行一百多万，挣不够不能回去睡觉。所以，他们的日子还不如一些平民老百姓过得省心。

何超凡一想，尽管尔康是满族人，但是他身为乾隆帝驸马，福家大公子，身上不知道担负着多少的责任，走错一小步都有可能倾家荡产，甚至惹来杀身之祸，满族的他是否真的满足呢？

第二节　得不到的永远在骚动

孙昱鹏正在跟夏楠抱怨："出门就堵车，买东西就得排长队，坐公交地铁永远没座，人品差到喝凉水都得塞牙，全世界倒霉的事情都让我一人碰到了。"

马斯洛老师笑着说："当今社会，很多人对身边的事情充满了抱怨，好像自己就是百年不遇的天煞孤星一般，可是，有没有想过，你真的有那么倒霉吗？"

何超凡说："马斯洛老师，您在分析人的层次需求金字塔的时候曾提出过，人的行为取决于我们的需求，只有未满足的需求可以影响人的行为，被满足的需求无法成为人的动力。比如，当你已经有车有房，你再遇到房地产大降价的时候也不会像当初那样省吃俭用，拼命加班去赚钱买房，相反，如果你挤在一个破烂不堪的地下室，遇到物美价廉的房子你一定会找银行贷款，甚至借钱交定金去把房子搞到手。由此可见，只有低层次的需求被满足后，我们才会追求更高层次的需求。"

马斯洛老师还没说话，夏楠就说："华语乐坛天王陈奕迅有一首《红玫瑰》唱得好，有一句词叫作'得不到的永远在骚动，被偏爱的都有恃无恐'说的就是这个道理。越是你得不到的东西，你越是想要，越是在乎，而已经收为囊中之物的东西，你反而不是那么在乎。"

马斯洛老师笑着说："我认识一位高贵冷艳、倾国倾城的美女曾经分享过她的一个故事。我们姑且称她为黛西。"

黛西每隔两周便会乘坐高铁从北京回到老家济南见自己的男朋友，平均一年会回家30次左右。可无论什么时候，只要别人问起她回家路程如何，或者喜不喜欢北京高铁，她都会斩钉截铁地回答"别提了，糟透了，老娘这辈子都不想再坐高铁了！"如果你继续询问她原因，她会告诉你，每次只要她回家，不是火车晚点就是没赶上，甚至喝个水都会误了火车，反正没有一次顺心的。可事实真的如此吗？让我一起走进黛西的高铁生活。

黛西每隔两周就回家一次，是因为她玉树临风的男朋友在济南独守空房，为了不让他感到寂寞，她一直奔走在北京与济南之间。如果你问他黛西是否真的每次回家都特别倒霉，他会说还好吧，而且据他回忆，其实只有一次遇上火车晚点，三次错过火车。在一系列的严刑拷打之下，黛西的男朋友一口咬定绝对不会超过四次。

原来，黛西一直有一个很矫情的习惯，就是每次在追赶火车的路上都会从旁边的麦当劳买一杯咖啡，一个汉堡，边吃边等。不幸的是，有一次，她刚买了一个汉堡，结果火车就从她的面前开走了。当她想去补票的时候，发现只有第二天才有去济南的高铁。更糟糕的是，这一晚上她找不到旅馆，只好在南站的长椅上凑合了一夜，第二天终于坐上了回家探夫的火车。这是第一次黛西错过火车，剩下的两次也皆是如此，因为赶车、买吃的等原因错过了火车。

三十次乘坐高铁回家，仅仅四次不愉快的经历，为什么我们可爱的黛西小姐对高铁的印象这么差呢？

因为在她的眼里，这四次不愉快的经历都是"得不到的火车"，所以一直在骚动，在她的脑海中留下了深刻的印象。而那些愉快的高铁回家记忆都是"被偏爱的火车"，对此，她不会过于留心。相比之下，那四次不愉快的经历在她心中的分量更重，从而抹去了她对高铁的良好印象。

孙昱鹏说道："我们常常抱怨北京堵车，可实际算下来，堵车的次数其实不是那么多，也没有那么严重。只不过偶尔遇到的一次堵车对于我们来说都是无法被满足的需求，所以会成为我们抱怨、吐槽北京交通状况的动力，而那些一路顺畅无堵的经历则属于被满足的需求，根据马斯洛老师的理论，被满足的需求无法影响我们的行为，所以我们也不会为北京交通去辩解什么。"

何超凡唔了一声："如此看来，我们的生活并不像我们想象的那么倒霉。我们追求男神女神不成功的经历也只有那么几次，可是这些'得不到的骚动'相比于那些开心幸福的恋爱经历留给我们的印象更加深刻，才会让我们去哭诉，说自己感情从未成功过。"

马斯洛老师说道："再比如，总是会有人说自己喝水都长肉，但是他们真的喝水都长肉吗？必然不可能，只不过是某一次他们锻炼、节食却没有收获到应有的结果，反倒长了几斤。从此，这未被满足的需求就一直扎根在他们的脑海中，让他们觉得自己喝水都长肉。"（见图 6-3）

马斯洛老师继续说："你们一定有过这样的经历，之前自己明明会做的某道题考试的时候却做错了，本来自己理解的知识真到运用的时候却忘记了，反而是那些曾经做错过的题留下的印象会更加深刻。原因很简单，还是陈奕迅的那句歌词'得不到的永远在骚动'。"

> 肥胖的人说"喝水都长肉"，其实是一种错觉，是因为他们的减肥欲望没有得到满足，一直扎根在他们的脑海中，让他们觉得自己喝水都长肉。

图6-3 欲望导致错觉

不错，有时候，我们答对某道题可能不是因为我们真的会做，而是碰巧做对的。我们看到满分的试卷，自然而然也就会以为所有的知识点自己都理解，这种"被满足的需求"无法让我们产生努力学习的想法，所以再做同样的题目时很有可能会失误；而那些错题，那些"未被满足的需求"却在我们的内心骚动，督促我们去努力学习。这也就是老师为什么总是教导我们无论对题错题都要仔细地看一遍，查漏补缺。

每个人对于马斯洛老师的这个"得不到的永远在骚动"的理论都能感到深深的共鸣。当然，也正是对"未被满足的需求"的渴望让我们对生活的追求越来越高，慢慢地爬到金字塔的顶端。不过，在追求"未被满足的需求"的同时，我们也需要珍惜那些"已经被满足的需求"，得陇望蜀的结果很有可能是得不偿失。

很多名利双收的成功人士已经娶到了一个爱自己的女人，却依旧对其他的美女蠢蠢欲动，最后贪心不足蛇吞象，不光毁了原

本到手的幸福家庭，还失去了自己好男人的名声。（见图 6-4）

无论你是衣衫褴褛的乞丐，还是高高在上的职业白领，请铭记，不要在失去时才懂得珍惜。

图 6-4　不满足的男人

第三节　带你感受"高峰体验"

马斯洛老师："各位，我要带大家来一场高峰体验！"

夏楠心想：高峰体验，莫不是要讲珠穆朗玛峰的风景或者爬山的心得之类的？

马斯洛老师笑着说："说到高峰体验，你们肯定以为我会讲爬山心得之类的。很可惜，这里的高峰体验指的是一种心理状态，跟山峰没有一点关系，但是跟江湖却有着很深的渊源！"

传说江湖上有这么一个人，他三岁丧母，七岁丧父，双亲死后，唯有一把剑陪他度日。他苦心练剑，腊月寒冬，飞雪舞剑，夏日狂风，沐雨练剑，春听莺，夏听蝉，秋卧篱边，冬饮梅间，无时无刻，他都在练剑。终于有一日，只见一道闪电从天空中劈了下来，整个大地都在摇晃，他练成了。此时的他早已不是当年的他，如今，他手中无剑，心中有剑，做到了人剑合一，他就是"剑人"。（见图 6-5）

图 6-5　高峰体验

夏楠一脸黑线:"这跟高峰体验有什么关系?"

马斯洛老师笑着说:"有,当然有,还是大大的有。当这位少年练到人剑合一的境界时,他就有了高峰体验。当然,我讲这个例子不是鼓励你们去练剑,是在跟你们说明高峰体验是一种发自内心的战栗、愉悦、满足和超自然的情绪体验,人剑合一就是一个很好的例子。

"我在调查一批相当有成就的成功人士时,这些人都表示他们曾经有过高峰体验,感觉自己仿佛站在了高山之巅,尽管短暂,却让人体会深刻,而且是无法用语言表述的。总而言之,是一种很神奇的终极体验。"

处于高峰体验状态下的人往往看破红尘,不会像大多数人那样被生活上的小困难所折磨,很少感到焦虑。他们在行动上更具有自发性和创造力,最大限度地摆脱了那些负面因素的影响。

他们不再是被决定,被支配,暮气沉沉,跪倒在命运脚下的弱者,而是一个自信、独立、有梦想、有追求的命运主宰者。相比于物质追求,探索生命的意义对他们的吸引力更大。总而言之,这类人几乎是集所有的优点于一身。

马斯洛老师说道:"还记得我的层次需求理论的那座金字塔吧?有过高峰体验的人大多数处于金字塔的顶端。"

孙昱鹏说道:"马斯洛老师,你说得越多,我越没有信心。我觉得高峰体验实在是触不可及,与自身情况相差太远了。"

"没关系,"马斯洛老师说,"每个人都有可能会在不经意之间触发高峰体验。比如,美国登月者米歇尔在阿波罗登月舱中俯览整个宇宙,当她看到那颗旋转中的蔚蓝色星球的那一刻,她就获得了高峰体验。还有的人夜晚在野外仰望天际,看到浩瀚的银河又联想到人类的渺小,须臾间,他也有了高峰体验。越是与自然接触，我们感受高峰体验的可能性就越大，因为在这种情况下，山水的美好很容易让我们忘却自己。"

一个女生说："我对于艺术、舞蹈有独特的追求。在完成某一个作品时，我的内心会感到一种前所未有的平静，仿佛整个宇宙都融进了某幅画或者某段舞蹈之中。"

马斯洛老师笑着说："不错，就好比开头提到的那位剑客一样，开始的时候，他的心里面有的只是报仇和一招一式死板的剑术。不顾环境的恶劣，一年四季他都执着于练习剑法，仿佛他人生的意义只不过在这一柄剑中。为了练剑，他走遍大江南北，四处拜师求学。他流过汗，流过泪，面对前方重重艰险，他感到迷茫，甚至想过放弃，不知道自己学剑的意义在哪里。但是，他还是咬牙坚持了下来。

"在学遍了天下所有的剑法，打败了无数武林高手之后，站在武林巅峰的那一刻，按理来说，之前受到的痛苦应该在此刻爆发出来，感到无限的喜悦和满足。但是，这些却没有发生。他俯览四周，内心感受到的是一种前所未有的平静，好像时间真的静止了下来。慢慢地，他开始领悟原来剑的意义不单单于此，还有更高层的追求。他突破了自己，丢弃了手中的剑，把它记在心中，做到了真正的人剑合一。此刻，他的内心被另一种更高深的喜悦充满。这便是刚才提到的高峰体验。"

夏楠想：如此来看，高峰体验也不是那么的遥不可及。一篇杂志曾对马斯洛老师提出的高峰体验做过详细的调查，调查表示十分之三的人都曾有过高峰体验。

马斯洛："在你生活中不经意间出现的某一种奇妙、不寻常的感受很有可能就是我们所说的高峰体验。甚至，有些心理学家还帮我们总结出了获得高峰体验的方法。"（见图6-6）

首先，我们需要找一个很长的空闲时间去思索生命的意义和价值，思索未来与现在，思索一切超乎平常的生命与宇宙的关系。

然后，我们走到山水间，田野里，试着去感受自然。抛开烦恼，把我们所有的注意力都集中在眼前，感受山涧的清澈，感受星空的浩瀚，感受潮水的奔腾，感受一切来自自然的生命力量。

> 在你生活中不经意间出现的某一种奇妙、不寻常的感受很有可能就是我们所说的高峰体验。

图 6-6　生活中处处存在高峰体验

现在，闭上眼睛，放空自己的心灵，让自然的气息一点点涌入。再一次，缓慢地思索之前的问题，不要过于纠结这些问题的答案，随着我们的心去思考。我是谁？我在哪里？一百年，或者一千年后如果我存在，会是什么？如果我只有一天的生命，什么对我是最重要的？

问完所有的问题，深呼吸，放弃那些无法回答的问题，让它们随着轻拂的风、明澈的水飘去不知名的远方，忘记自己，忘记过去。渐渐地，我们会感受到自然的博大，生命的神圣，感受到人性的温暖，宇宙的和谐……

努力去体验这一刻我们内心中的宁静、平和，以及由此而引发的一种喜悦和心灵的震荡。在感受完这一切时，再回过头来思索生命的意义、价值和刚才的那些问题。

收获高峰体验后的很长一段时间里，我们感受到一种对自我的满足，积极的心态以及充沛的精力和饱满的热情。

马斯洛老师："你可能觉得高峰体验这种东西有些微乎其微，

不过，回想一下，你是不是也曾无意中感到世界特别美好，人生充满希望，眼前一片光明？以至于接下来的几天都斗志昂扬，心情愉悦？不管你是否有过高峰体验，在以后的日子中，试着多去体会生命的美好，不要为烦人的小事困扰，多收获高峰体验，对我们的身心都十分有帮助。"

第七章
费希纳讲"本能"

本章通过3小节,详细介绍了费希纳在心理学中的著作及观点,同时借费希纳的思考,为读者展开一幅心理学另类系统的画卷。本章讲述了本能、类本能、自我实现及出世和入世。其中,自我实现是费希纳最著名的观点之一。本章适用于心理学能力较强的读者,以及希望提高自己心理学能力的读者。

古斯塔夫·费希纳(Gustav Fechner)

德国哲学家、物理学家、心理学家。实验心理学先驱。

费希纳开创性地将物理学的数量化测量引入心理学研究领域,提供了感觉测量、心理实验的方法和理论,为后人建立实验心理学奠定了基础。

在哲学领域,费希纳是一个唯心主义泛灵论者。他认为凡物都有灵魂,心和物是不可分的,心是主要的,物只是心的外观。

第一节　什么是类本能

今天，还没等夏楠催，何超凡就拉着夏楠往外跑："听说费希纳老师今天要讲本能，我就是个本能动物啊！今天我一定要好好听听。"

夏楠点点头，若想了解费希纳老师的心理学观点，怎么可能闭口不提"类本能"这么重要的概念呢？

费希纳老师已经开讲了："类本能也常被称作弱本能或者本能残余。类本能的英文单词是'Instinctoid'。'Instinct'的意思是'天性，本能'，在后面加上表示'类似的，稍弱的'的 oid 后缀，这个词就构成了。单从它的拼写上，我们就能对类本能猜出个大概，稍弱的本能。那么什么是'稍弱的本能'呢？"（见图 7-1）

> 类本能就是：不管今天是不是双休日，你都不想起床工作！

图 7-1　类本能

费希纳老师笑着说："在解释这个理论之前，我们先来了解一下什么是本能。如果你上互联网或者翻看字典，你会得到五花八门的各种解释。比如，本能指的是同一物种所有个体共同表现出来的不学而能的行为反应，同时本能又指某一生物生而具有的行为潜能或者倾向，表现出不学而能的行为模式，甚至弗洛伊德老师还对本能提出了另一种独特的看法——促使人类某种行为但不为当事人所知的内在力量。"

夏楠点点头，面对这么多的解释，我们很难判断出谁对谁错，但有一点我们可以肯定，就是本能是不学而能、与生俱来的能力。

费希纳老师说道："早期心理学实验研究中，很多心理学家习惯从动物的本能测验中来推导人类的本能。像巴甫洛夫老师喜欢玩狗，斯金纳就爱玩小白鼠。需要承认的是，有一些能力的确是人与动物之间共享的，可除此之外，还有一些能力是特有的，比如，乌鸦反哺，老马识途，狡兔三窟，等等。我想，既然不同的动物都有不同的本能，那么人类也应该有自己独特的本能。于是，他打破常规，以此为立足点，开始以人本身作为范例去研究。"

在日后的研究中，费希纳老师发现，人的本能不同于动物的本能。众所周知，我们的行为不光受到本能的控制，很大程度上还受到环境和文化的影响，明明困得不行却还是要咬牙起床去上班，不论你心中有多么的不情愿。

费希纳老师说："动物的行为只受到本能控制，困了就睡，饿了就吃，想干嘛就干嘛，我管你今天是双休日还是工作日。由此可见，我们身上的这种本能是弱小的，容易被环境影响、改变甚至是吞没，这与弗洛伊德老师认为本能是强大的、不可更改的观念完全相反。我便把这类特有的本能称作类本能，并且用这个词代替了之前心理学家对于人类本能的定义。"

之前人们一直以为本能与理性是相互对立的两者，但在费希纳老师的理论中，两者都属于类本能，而且本能和理性是"与子同袍"的好兄弟。只有在心理不健康的人群中，本能和理性才是不可共存的敌对关系。（见图 7-2）

图 7-2 对立的本能和理性

夏楠想："在马斯洛需求金字塔中的生理需求阶段，类本能和本能仿佛没有什么区别，吃喝拉撒睡，想做什么就做什么。当处于更高级的需求阶段，我们的类本能便会越来越脱离本能。举个例子，假设一个人有很高的收入和豪华的房子，但他没什么朋友，此刻他的类本能就是催促他出去社交，和小伙伴玩耍或者和异性去约会，这些行为与单纯由欲望和生理结构组成的本能已经偏离甚远。要是这个人身无分文，温饱都成问题，他哪里还会有时间去思考自己的交际问题呢？在低级的需求阶段，类本能只是对于生理上的基本需求，而在高级需求阶段，类本能更像是一种对于关爱、感情、道德和正义的需求。"

费希纳："另外，类本能与巴甫洛夫老师所讲的环境决定一切有一定区别。现代社会的发展改变了很多人的价值观、世界观和人生观。其中的一大部分人由于各方面环境的影响把金钱和地位视为第一追求。有的人还会出卖朋友、家人以及良知去获得物质上的满足。这都是环境造成的。可是，也并不是所有的人都是如此。在同样的环境下，依旧有人把亲人朋友放在第一位，因为他们心中对于爱的需求超过了对于物质的需求。而这种对于爱的需求就是类本能。所以，环境也不是决定一切的重要因素。"

当然，人的行为是由类本能和环境两个方面的因素决定的，因此费希纳认为，在研究人的行为实验中，必须给予这两个因素一定的尊重。并且他还发现，因为环境是一种比类本能还要强大的力量，它非常可能会抑制、控制、改变甚至吞没对本能的需要。

费希纳："在某些特定的环境与文明中，我们会被环境左右，从而使我们对于物质的需要远远高于对本能的需要。不过，若从另一方面分析，类本能的需要也是不容小视的。一旦类本能无法得到满足，消极、犹豫的心情也会随之而来，甚至还会引发疾病。"

孙昱鹏恍然大悟："哦！正如一些人尽管有大把的钞票、开着豪车却感觉不到一点幸福和满足感，还有一些人站在权力的山尖，依旧为安全感、感情和真正的尊重所苦恼。这些现象都可以说明，类本能的地位是无可取代的。"

"不错，"费希纳老师说道，"某种程度上，类本能的出现缓和了两者之间的矛盾，好比本能让一个人往西，而环境则让人往东，类本能则调节了两者，让我们选择往北或者往南走。"

第二节 自我实现

费希纳老师说道："若想真正了解本能的心理学观念，自我实现是其中不得不提的一块。所谓自我实现，就表明我们身体中的一个自我必须要实现出来。这里的自我，与弗洛伊德老师和荣格老师的自我都不大相同。它指的是我们身上的某一种气质，某一种想法。当然，我们也可以把自我实现理解为'释放内心的声音'。这个声音十分真实，不过，我们绝大多数人，尤其是在成人之前，倾听的往往不是自己的声音，而是我们父母的，权力机构的，晚辈的或者传统习俗的声音。"

最初，自我实现是费希纳老师从那些心理健康、对生活感到满足、激发自身潜能和具有创造力的人身上总结归纳出的共同点。尽管这些人并不完美，也有自己的缺点，但是他们可以积极乐观地接受自身的不足，而且通常他们待人处事非常真诚，对自己满意。

而罗杰斯老师则认为，自我实现就是做自己。因为在他的理论中，自己就是一个人过去所有生活的总和。如果这些经历都是我们被动参与，那就不是在做自己。只有主动参与自己选择的生活体验，不论快乐与忧伤，结果好与坏，都是自我实现。

费希纳老师说道："人本主义相信每个人都有与生俱来的自我实现的倾向。就以层次需求金字塔为例，当低层次的需求被满足之后，人们会自然而然地去尝试更高层次的需求，也就是自我实现。"（见图7-3）

孙昱鹏夸张地说："可是，走向自我实现的道路从来都不是铺满鲜花的，途中会遇到各种各样的阻碍，特别是在孩童

> 每个人都有与生俱来的自我实现的倾向，生活中的很多人都有臻于自我实现的行为。

图7-3　人都有实现自我的倾向

时期，如果在一个家庭中，父母对孩子总是持有冷酷和否定，那么这个人自我概念的形成和对现实世界的认识都会受到影响，最后他会用自我防卫来保护自己，甚至脱离自己的真实感受，自我实现也变得不可及。"

"确实，"费希纳老师表示肯定，"生活中的很多人都有臻于自我实现的行为，我可以给你们提供一些建设性的意见。"

首先，自我实现是一个长时间积累、历练的过程，并不是须臾弹指间能实现的事情，要有滴水穿石的信心和大浪淘沙的耐心。

费希纳老师说道："人本主义主张把我们的生命看作是一个持续不断的成长过程。人生中的每一个选择都决定着我们是在通往自我实现的光明大道上前进还是后退，说谎还是诚实，明哲保身还是勇敢面对。这些都是成长性的选择。有时，我们会选择退

缩、防御甚至逃避，也有的时候我们会向成长迈出一大步。如果你勇于面对困难而非逃避，积极看待生活而非堕落，慢慢地，你就会达到自我实现的境界。"

迈向自我实现的第一步，就是要倾听自己的声音。当我们被问到是否喜欢某一个东西，或者对某样物品、事件的看法、观点时，一定要在第一时间抛弃自己从他人嘴里听到的那些评论，挡住外界的声音，闭上眼睛，询问自己的内心是怎么想的。直到听到内心深处传来的那个声音之后，我们才可以坚定地说自己喜欢，或者不喜欢，发表意见。

何超凡说道："是呀，生活中的很多人都把自己真实的想法埋在心底，看画展或者欣赏古典音乐时，明明内心并不十分理解这些艺术，却很少听到有人询问'这幅画或者这音乐，想表达什么'，总是表现出自己什么都知道的样子。几乎我们每个人都做过类似的蠢事，这样的行为无疑是把自我实现推得越来越远。"（见图7-4）

图7-4　倾听自己的心声

其次，我们要学会承担责任。"可能""也许"这类"拿不准"的词语在生活中随处可见，但是这些词语的背后代表的是一种不诚实和不愿意承担责任的想法。

费希纳老师说道："以爱情为例，暧昧就是一种极度不负责任的表现。那些害怕做出承诺、害怕承担责任的人总会以暧昧或者一夜情的形式与异性交往。相比之下，表白、婚姻这些就要伟大得多，因为他们敢于承担责任。责任无疑是自我实现中最重要的一点。"

另外，自我体验意味着充分、完全、全神贯注地体验生活，它的核心词是"忘我"。如何做到忘我？这就需要我们自己抛开平时的伪装、防卫和羞怯，投入某一件事情中。

仔细回想一下，当你身边的朋友在某一个时刻一心一意地专注工作、看书或者绘画时，他们的脸上是不是露出过一种天真、幸福的表情。这就是自我体验。但是现在很多的年轻人被一些自我意识和外界环境干扰太多，导致很难进入忘我的境界。

在达到"忘我"的同时，我们还需要做到"全力以赴"。自我实现不一定是指去完成一件惊天地泣鬼神的大事，而是收获一段艰苦、努力的经历。对每一件事情都竭尽所能地去完成会在无意之间激发我们的潜力，还可以让我们有更高的追求。这样积极的生活体验无疑也会让我们更接近自我实现。

费希纳老师说道："当然，若想真正做到自我实现，还是需要长期的积累。上文所说的那些建议可能看起来都是微不足道的小事。但是如果一个人在每一次内心挣扎、矛盾时都做出了正确的选择，也就是做好了那些小事，渐渐地，他就会发现，这无数的小事加在一起就是对生活更好的选择。"

夏楠点点头，不错，也只有这样，他才能更好地倾听自己的内心世界，有明确的目标，知道自己真正想要的是什么，从而才能更好地选择自己的未来和生活。

第三节　入世与出世

费希纳老师拿起何超凡桌上的书，是村上春树的《挪威的森林》。

费希纳老师说道:"著名文学作家村上春树的作品甚受大众喜爱,这本《挪威的森林》在我们心中留下了什么样的印象以及如何耐人回味更不用多提。"

夏楠也看过这本书,主人公渡边的一位名叫永泽的好友与初美相爱多年。永泽的背叛和花心,初美看在眼里却在心中默默忍受,永泽也表示,不管他曾染指过多少个女人,初美永远都是他的最爱。

可当一个出国深造的机会摆在永泽面前时,他却放弃了与初美之间的爱情。他的这一举动甚至导致初美的消沉和自杀。渡边十分不解,愤怒地询问永泽,他对初美的爱到哪里去了,怎么能狠心离开初美。永泽却说,我和你不一样,我是一个"入世"的人。

而渡边的另一位好朋友直子,住进了一家风景秀丽的疗养院,疗养院中的人大多被诊断为精神有问题。某天,渡边去看望她时,直子问渡边,"你也觉得我有病吗?"渡边说,"这我可不敢乱说,你现在经不起打击。"

直子却说了一段引发我们深思的话,"你不觉得住在外面的人才有病吗?这些住在疗养院里的人不用被世俗所困扰,可以随心所欲。你不觉得这才是正常的吗?"对此,渡边把直子定义为"出世"的人。

"入世"和"出世"这两个词无疑让我们所有人感到困惑。

费希纳老师说道:"入世主义者以现实的态度待人处事、思考问题。他们大多数主张实干,而非思想家。像罗斯福、杜鲁门和艾森豪威尔等美国总统都是这一类人。出世主义者则常常意识到内在的精神价值,哲学家、宗教家和艺术家皆是如此,他们具有丰富的思想意识,感悟宇宙与人生。"(见图7-5)

带着费希纳老师的理解，夏楠仔细分析了"入世"与"出世"。

初美死前，永泽也经常跟渡边说，绅士就是做自己该做的事情，而不是自己想做的事情。为了满足他人期待的眼光，永泽放弃了自己的爱情，去追求那些物质上的满足，做他人认为该做的事，而不是自己真正想做的事，由此可见，他是一个十分极端的入世主义者。

> 入世主义者以现实的态度待人处事，思考问题；出世主义者则常常意识到内在的精神价值。

图 7-5　出世者和入世者

回想当今，我们周围的绝大多数都是"入世"的人。在费希纳老师的层次需求金字塔中，我们不过是徘徊在最低端的浮游生物，被他人的眼光束缚，去争夺那些我们本不需要，也不想要的金钱名誉。我们深陷世俗，被它折磨，被它控制。

或许像直子那样在疗养院中过着与世隔绝的日子，每日看书写字、与花草自然相伴才能被称得上是"出世"。他们认为那些在钢筋混凝土的城市中为了一些物质上的满足而马不停蹄地忙于奔波的人，没有时间去思考，没有时间去留意身边的美景。

在听完直子的话后，渡边回想自己之前的生活，也不过是和同届的朋友闹学潮，游行，罢课。仔细一想，这些事物貌似对于他自己真的没有多大的意义。可能在我们的眼里，他们不过是精神有问题的患者，可是在费希纳老师的理念中，他们是未被世俗侵染的出世主义者。

贝多芬、凡·高之类的艺术大家尽管家贫，却不曾被物质上的东西或者他人的眼光所困扰，他们在思考更高深的东西，从音乐、绘画中寻找自我，以及生命的意义。

流浪文学创始人三毛就是一个出世主义者。在丈夫死后，她以非常便宜的价格卖掉了往日的温馨小屋，理由是"最美好的回忆已经收藏在我的脑中，而那些房子、家具都是死的"。当身边所有人都一身黑色来悼念她丈夫的时候，她却依旧不改五颜六色的花裙子。

并不是她不爱她丈夫，而是她觉得这些都是形式，都是表面的，真正的、有价值的东西早已被她收入心中。不管穿什么样的服装，她的爱都是一样的。

对于"出世"和"入世"，我国古代的两位学者也曾提出过他们独特的见解。

费希纳老师说道："《韩非子忠孝篇》中讲过，君为臣纲，父为子纲，夫为妻纲。后来被董仲舒借鉴、继承了三纲理论。董仲舒认为，人与人之间应当讲究上下尊卑的基本法则。身为君主，就要有君主的样子。"

孙昱鹏想，要是一个君主总是跷着二郎腿跟大臣们喝茶，甚至称兄道弟，就会被认为是不合体的行为。臣子就理应敬重君主，服从命令听指挥。同理，子女要尊重父母，以父母的话为天命，妻子也要尊重自己的丈夫，举案齐眉，好吃好喝地伺候。这就是很典型的"入世"思想。

费希纳老师说道："所谓'入世'思想，说得简单一点就是把'升职加薪、当上总经理、出任 CEO、迎娶白富美、走上人生巅峰'这些事情当作目标，按照社会环境给出的眼光、观点去办事。要讲究社会制度、道德礼仪，不能为所欲为，想当然地去办事。"（见图 7-6）

图 7-6 入世

而逍遥派的庄子则主张"天道无为"。这与董仲舒等人的观念又大有不同。庄子认为一切事物都在变化，自然而然形成的东西永远比人为的要好，所以要顺从天法。（见图7-7）

图 7-7 出世

在他的理论中，"天"与"人"是相对的两个观念。"天"代表着自然，而"人"则代表人为，是与自然全完相背离的。就像人为两字合起来是个"伪"字一样。因此，我们要顺从天道，摒弃人为，做到"无为而治"。这就是一个"出世"思想。

费希纳老师说道："顺从自然，不依靠他人的评论和眼光去做事。好比你是一块粗糙的石头，无须特意去打磨自己，让自己变成一枚光滑亮丽的鹅卵石，也无须过分雕琢自己，让自己变成造型奇特的工艺品。只需沐浴阳光，躺在大自然的怀抱中，任凭风雨去打磨，任凭海浪去雕琢。顺其自然，没必要被世俗叨扰，自然让你怎样，你便怎样。"

"入世"与"出世"是完全不同的两个观念，但它们都是人们的思想发展到一定程度后的结晶。两者之间并无好坏之分，只不过是每个人的观点理论不一样罢了。

费希纳老师说道:"有的人活着是为了让自己身边的人过得幸福,或是希望能为父母争一口气,让别人瞧得起自己。这样的人往往会拼了命地工作,甚至为了一份订单、一个项目、一个工作而违背自己的意愿,满脸堆笑和不喜欢的人打交道,说着违心的话。相反,还有的人随遇而安,不会过于纠结那些物质上的满足。他们及时行乐,游山玩水,享受生活,领悟世界的奥妙。就算流落街头、身无分文也觉得无所谓。"

夏楠想:是呀,无论是哪一种都是有意义的,我们始终相信,那些能为他人提供帮助的人都不是碌碌无为之辈。

第八章
比奈讲"智力"

本章通过4小节,详细介绍了心理学中的智商现象。同时使用了大量的佐证,以及幽默易懂的配图,为读者讲述了智力的根源。本章内容丰富,文字浅显易懂,读者能在轻松明快的氛围下进行阅读。适用于渴望了解智商的读者。

比奈·阿尔弗雷德(Binet Alfred)

法国实验心理学家,智力测验创始人。

比奈是一个法学博士,他曾经师从心理学家学习催眠术,也因此转向研究心理学。

比奈对心理学的兴趣很广泛,他研究过变态心理学、记忆和遗忘等多个领域。1905年他与合作伙伴T.西蒙一同创造了测量智力的方法,编成了"比奈-西蒙量表",开创了关于智力研究的新纪元。

比奈著有《智力的实验研究》《推理心理学》等,有些研究直到今天依然具有指导意义。

第一节　智商比你多二两

今天的心理学课程换了地方，比奈老师说，要带学生们参观小学。

夏楠心想，这小学有什么好参观的……

时间：某年某月

地点：某所小学

人物：小西和小东

事件：某次数学模拟刚刚结束，根据班规，分数最高的人可以获得一朵漂亮的小红花。小西和小东都考了满分，老师一人赏了一朵小红花。没想到，这俩人却不乐意了。正所谓，一山容不得二虎，到底谁是第一谁是第二必须要争个明白。

小西："我写得比你快！"

小东："我字比你好看！"

小西："我智商比你多半斤！"

小东："我智商比你多二两！"

老师和班里的同学发了愁，这吵下去什么时候才是个头。无奈之下，老师决定再出3道数学题，谁答对得多，谁就智商高。两人一致同意。半个小时之后，一人交上一份答卷。可对着答案一看，3道数学题，两人各错一道，又打成了平手，这可如何是好？

（见图8-1）

图 8-1 智商是什么？

千钧一发之际，比奈老师从天而降，"终于轮到我大显神威了，哈哈哈。"

小西："老头儿你是谁呀？"

比奈老师："你这个小朋友怎么说话，我可是著名的法国心理学家，智商测试的创始人。刚才我在天空中正喝着咖啡呢，突然听到底下有人在讨论智商问题，快马加鞭就飞了下来。你们不是想知道谁智商高吗？我来当评委，给你们出题。"

小西和小东一听此提议，异口同声地同意了。

比奈老师："首先，我来跟你们讲一下，什么叫作智商。智商是智力商数的简称，用来衡量一个人在其年龄段的智力发展水平。我和我的徒弟西蒙曾研究出第一套智商测量表。智商测量表主要测验人的观察力、想象力和逻辑思维能力。正常人的智商大多在 90 到 110 之间，超过 140 的可以算得上是具有天才的大脑，而 70 以下的则表明此人智商上有缺陷。"

小东："那比奈老师，您研究的这个智商测量表里面的题目都是什么样子的呢？"

比奈老师："小朋友，你这个问题问得很好。给你举个例子吧，元对于角相当于小时对于什么东西呢？"

小东："元对于角相当于小时对于分。因为角是比元小的单位，而比小时小的单位只有分钟了。"

比奈老师："不错，你很聪明嘛。逻辑思维很清晰。"

小西："这有什么，我也可以答对。比奈老师，你考我试试。"

比奈老师："那我考你一个难些的。如果所有的甲都是乙，没有一个乙是丙，那么我们可不可以说所有的甲都不是丙？"

小西："必须可以呀。当所有的甲都是乙，没有一个乙是丙时，就意味着没有一个甲是丙，自然所有的甲都不是丙了。"

比奈老师："对对对。这两道题都是我和西蒙一起研发出的智商测量表里面的题目。像第一道题考的就是我们逻辑思维能力中的思维转换能力，能否在两者之间找出相同的概念并且灵活运用到其他事物上。其实，我们学的数学、物理中有很大一部分都与刚才的那道题类似。我来给你们看两道数学题。

第一道题是某小学的老师要求同学们按大小个排队，小明前面有10个人，后面有10个人，请问小明站在第几个。

第二道题是小明买了许多苹果，为了数清自己买了几个苹果，他把苹果排成一排。从中间随机选出一个苹果做上标记，然后又放回原处。这个被标记的苹果前面有7个苹果，后面有4个苹果，问小明一共买了多少个苹果。

这两道题看似不同，实际上都涉及同一个概念，只不过是数字和情景变了而已。我们可以看出，一个简单的公式可以应对无数种不同的题目，高智商的人往往很容易就可以发现两者之间的关系，而那些智商中等或者偏下的人处理这样的题目就会有些难度。

而小西回答的那道题考的则是逻辑能力中的推导能力，测试一个人能否从已知的条件推断出可能发生的结果，或者利用逆向思维，利用结果去猜测未知的条件。这一点在数学中的运用也十分广泛。比如，那道经典的数学题，直线 a 平行于直线 b，直线 b 平行于直线 c，看到这，我们很容易就能推断出直线 a 平行于直线 c。这就是一个很经典的考验我们逻辑能力的题。

逻辑能力只不过是衡量智商中的一小部分，除此之外还有我刚才提到过的观察能力和想象能力。（见图 8-2）

如果没有很好的观察力和想象力，再优秀的逻辑思维也不过是一盘散沙。只有三者的综合运用才能更全面地解决问题。现在，你们是不是对我崇拜得五体投地？觉得我的智商测量表很有道理？"

> 逻辑思维能力只是智商的一小部分，但却是十分重要的一小部分。

图 8-2　逻辑思维与智商

小西："必须崇拜啊！快测验我们俩，看看我俩谁的智商高吧。"

小东："就是就是。"

比奈老师："好的，你们跟我来。"

一个小时之后，小西和小东做完了测验，可是比奈老师却对着智商测量表发愁。因为，这一次，两个人的分数还是一模一样。

比奈老师："告诉你们一个不幸的消息，你俩测试的结果十分相像……不过，我还有一个办法。我和西蒙研究出一个人的智商和他的实际年龄有着很大的联系，如果一个人测验的分数特别高，但是他的实际年龄也很大，那么他的智商也不过是中等水平而已。所以，既然你俩分数相同，那么你俩中岁数小的那一个人的智商也就偏高。"

小西："可是，我俩是双胞胎。"

比奈老师："什么？这我倒是一点儿都没看出来。"

小东："你看我俩一个叫小西一个叫小东。要么我俩是双胞胎所以名字相似，要么就是作者太懒了连名字都是随便起的。"

比奈老师："如此一来，你俩只能猜拳决定了！"

小西和小东："老师，你也太不负责任了吧！"

比奈老师："为什么非要争论谁的智商高呢？有没有听过一句话叫作淹死的都是会游泳的。很多人在知道自己是天才了之后会变得懒散、消极，对事物怠慢，没有上进心。他们觉得自己很聪明，认为自己的先天优势已经足够好，无须像别人那么努力。最后失之毫厘，谬以千里，变成了平庸之徒。有没有听过龟兔赛跑的故事？一颗持之以恒、永不放弃的心比智商要有用得多。跟你说了这么多，我的学生们都等急了，好了，我先走一步啦。"

第二节　像福尔摩斯一样去思考

从小学回来，夏楠总觉得似乎学到了什么东西，但又有点儿琢磨不透。

比奈老师笑着说："其实，一提到智商高的人，就自然而然地会想到古今中外那些能够明察秋毫、断案如神的人，比如，包拯、狄仁杰、黑猫警长等。我们今天要讲的这一位在断案方面更是出神入化，那就是著名侦探夏洛克·福尔摩斯。心理学家研究智商测量表主要是来测量一个人的观察力、想象力和逻辑思维能力。夏洛克·福尔摩斯对这三方面的运用可谓游刃有余，我们都知道他智商高，但具体怎么高，我们拭目以待。"

夏楠心想，包拯的朋友中武有展昭，文有公孙策，狄仁杰更是广交朋友，黑猫警长还有个白鸽侦探辅佐，更何况，就连秦桧都有三个朋友，虽然夏洛克·福尔摩斯性格孤僻，习惯我行我素，可是他也是有华生这个挚友的。没有华生的帮助，福尔摩斯也不会有今天的成就。所以，我们先谈一谈他和华生是怎样邂逅的。

老朋友麦克跟华生闲谈中聊起夏洛克·福尔摩斯，那时的华生对这个人毫无了解，只听麦克介绍说这个人性格怪异，想找个人合租房子。碰巧，华生也在为住处发愁，便答应了下来。

当天，麦克就带华生去见夏洛克。没想到夏洛克看到华生第一句话就是，"阿富汗还是伊拉克？"华生不解，夏洛克解释说"你去过阿富汗还是伊拉克？"华生突然明白面前的这个人是在询问自己曾在阿富汗还是伊拉克服役，他回答说阿富汗，又问夏洛克是如何知道自己的事。不想，夏洛克理都没理他，又继续问道"你对小提琴有什么看法？"（见图8-3）

图8-3 福尔摩斯

华生又是一头雾水，夏洛克说道，"我在思考问题的时候会拉小提琴，有时候我会一连几天一言不发，你会介意吗？我觉得未来的室友应该了解彼此最坏的情况。"华生当时就惊呆了，便询问麦克是否跟他提到过自己，麦克摇了摇头。

读到这儿的朋友应该和华生一样也是心里充满了疑惑，脑袋里装着无数个问题。别急，待夏洛克来——解答。

为什么夏洛克看到华生的第一眼就能猜到他是来谈合租的事情呢？这是因为夏洛克早上告诉过麦克，像他这样的人肯定很难找室友，而刚吃过午餐，他就带来自己的一个老朋友，还在阿富汗服过兵役，这并不难推论。

那夏洛克又是如何知道华生在阿富汗服过兵役呢？对此，夏洛克的答案是"我观察出来的"。华生干净利落的发型和笔直的站立姿势说明他是军人出身。他脸上晒黑了但手腕以上却没有被晒黑，说明他刚从国外回来，而且晒黑不是特意做的日光浴。另外，华生走路跛得很厉害，但是宁愿站着也不要求坐下，很明显，这是一个军人的气质。战伤和晒黑只可能在两个地方同时出现，阿富汗或者伊拉克。

比奈老师说道："虽然夏洛克这个人是否真的存在一直是一个谜，但这并不妨碍我们分析学习他的思维方式。从上述分析中我们可以发现，夏洛克有超凡的观察力和推断能力。那他的想象能力又如何呢？"

夏洛克看到华生之后，得出的结论比刚才我们讲的还要丰富。他管华生借了一下手机之后，又立马分析出华生和他哥哥的关系不好，甚至还猜到了他哥哥是个酒鬼。

同理，夏洛克发现华生的手机功能很多，可以发邮件，听音乐，十分昂贵。可是一个能买得起如此昂贵的手机的人肯定不会找人合租，况且手机的背面有很多处划痕，一个需要找人合租的人肯定不会这样对待自己的奢侈品，所以这个手机一定不属于他。

手机背面刻着海瑞华生的名字，显然这部手机是华生的家人送给他的。华生的哥哥送他手机表明想与他联系，但华生宁愿跟别人合租也不愿意去向他哥哥求助，这说明兄弟俩的关系不好。

手机电源插口的周围有细小的磨损痕迹。想象一下，这样的情况是怎样出现的？夏洛克猜测，当手机的主人给手机充电时，他的手总在抖。意识清醒的人不会这样，所以这个人一定是个酒鬼。

比奈老师看着听呆了的同学，大声笑道："被吓到了？是不是不由得想大喊一声'大人真乃神人也'？接着，我们就来学习如何像大侦探夏洛克·福尔摩斯一样地思考。"

首先，我们需要有非常强的观察力，有一双可以在鸡蛋里面挑骨头的眼睛。当然，这不是让你挑事，而是不放过每一个细节，不论它看上去有多么的平常。每个人的穿着、举止、言语都会向你泄露这个人的一些小习惯或者小秘密。

比如，穿衣风格会体现出一个人的性格，口音可以告诉你他来自于哪里，而他的行为可能会暴露出他的职业或者工作环境。如果一个人穿着十分随意，则证明他的性格也是如此，或者他的工作环境对穿着的要求并不是很高。相反，要是一个人一身正装，说话的口吻也很客气，那么这个人要么出生于教育良好的家庭要么在做接待方面的工作。

其次，就是要充分地发挥自己的想象力。假设自己就在案发的那一刻，自己会看到什么，假设自己就是杀人犯，自己会怎么做，编造什么样的借口，假设某个目击者说的话都是真实的，那么情景又会变成怎样，等等。总之就是利用自己的想象力在脑海中构造出一个已经发生过或者可能要发生的场面。

最后，就是需要彪悍的逻辑思维。总结之前观察到的东西，想象到的东西，然后再以此为根据进行推断。举个例子，一个人如果冒着暴雨出门，那么他一定有很要紧并且刻不容缓，不得不自己出面才能解决的事情。

比奈老师说道："这三点不光是破案必备的技能，同样也是我来评判智商高低的根据。下面，就让我们牛刀小试一下，看看上述三点你是否掌握。"

一个房间里面有两女一男，男 a 在和女 a 说些什么，然后女 a 走过去扇了女 b 一巴掌，女 b 立马抽了女 a 一巴掌，女 a 回过给了男 a 一巴掌，男 a 愣了一秒抽了女 b 一巴掌。请问女 a 和女 b 谁是原配谁是小三？

相信你已经有了自己的答案。女 a 是原配，发现自己的男人出轨，最开始听男人解释，但是越听越火，便过去给了第三者女 b 一巴掌。女 b 比较强悍就直接抽了回来，理由是你管不好你的男人，你抽我有什么用。女 a 感到委屈，觉得自己这样都是因为男 a，便给了男 a 一巴掌，男 a 没反应过来，可能本来想扇回去，但一想这是自己的正牌女朋友，就抽了小三女 b 一巴掌，理由是保护自己的女朋友。

夏楠笑着说道："以此来看，想要具备和夏洛克一样的思维模式也不是那么难。如果你也梦想成为一个名声远扬、断案如神的私家侦探，那就多观察，多思考，多看看侦探小说吧。"（见图 8-4）

图 8-4 福尔摩斯只是正常人

第三节　智商低≠弱智

根据比奈老师的智商测量表，学生们了解到正常人的智商在 90 到 110 之间，超过 140 的被称作天才，而低于 70 的则表明此人智力有缺陷，也就是我们常说的弱智。

根据智商测量表得出的分数，智力低下程度也被划分成了几个不同级别：轻度，中度，重度和极重度。对于这四种不同的智商分类，精神病学也给出了相对的名词，分别是愚蠢、愚鲁、痴愚和白痴。

比奈老师介绍道，智商在 50 到 70 之间的属于轻度智力低下。相比于智商正常的人，这些人在幼儿时期反应迟缓，对周边的事物缺乏一定的兴趣，并且不是很活泼。语言的掌握比普通人要慢，分析能力很差，对事物的认知程度只停留在表面。遇事缺乏主见，依赖性强，易受环境和他人的影响。喜欢循规蹈矩，适应新环境需要时间，但在他人指导下可以良好地适应环境。学习成绩会比一般的学生差，在数学方面的学习感到很吃力，记忆力正常却不能灵活运用。

中度智力低下的人智商在 30 到 49 之间，他们的语言功能发育不全，常常吐字不清，词汇量极低，只能进行简单的交流，对于一些抽象概念更是模糊，难以理解。同样，对周边事物的认知有问题。阅读和计算方面都很难取得进步，不过，长期的教育和训练可以使他们学会最基本的卫生习惯、安全习惯和一些小技巧。

智商处于 15 到 29 之间的人属于重度智力低下。他们不喜欢说话，自我表达能力有限，发音含糊，理解能力低下，情感十分幼稚，易怒易冲动。动作迟缓笨拙，却能凭借自己的能力躲避一些危险。医学表明，这类人经过系统的习惯训练可以养成简单的生活和卫生习惯，不过，依旧需要人照顾。

一个人的智商低于 15 则证明他有极重度的智力缺陷。他对自己看到、听到、接触到的一切事物都感到困惑，无法理解。缺乏语言功能，常无意识地嚎叫，偶尔会喊"妈妈""爸爸"，却无法真正地辨认自己的父母。缺乏自我保护的本能，遇到危险不知道躲避。身体的感觉明显减退，手脚不灵活或者终生不能行走，有很大的概率患有残疾和癫痫。这类人人多会夭折，若侥幸活了下来可以通过训练增强对手脚的使用。

孙昱鹏说道："如此看来，是不是一个人的智商要是低于 70，那么他这辈子已经也就没有什么希望可言了？"

比奈老师果断地说："不，先不要这么早的下定义，如果我告诉你，有一个人属于中度智力低下，但他心算速度可以和电脑相比，你还依旧会觉得他是弱智吗？"（见图 8-5）

图 8-5　智商不是绝对的

夏楠知道，比奈老师说的人名叫周玮。周玮从小就被诊断出先天的脑瘫，不过，他从小就喜欢数学，上到小学三年级被强制退学后一直在家玩计算器和电脑。后来，在江苏卫视的热播节目《最强大脑》中向所有人展示了他超强的心算能力。

1391237759766345 开 14 次方根，看到这么长的一串数字后，估计大家按计算器都得按好久，可是周玮却用逆天的速度写下了答案。大家不由得想问，这样一位数学能力令人惊叹的人为什么在比奈老师的智商测量表中只得了 40 分？

　　很明显，尽管比奈老师的智商测量表有着突破性的成就，可是无疑，它是有缺陷的。

　　其实，比奈老师的智商测量表是有限制的，智商测量表的使用有一个前提，就是假设测验者已接受过他这个年龄段应当接受的教育。比如，里面有一道题的题目是，从"正确""明确""肯定""信心""真实"这五个词语中找出与"确信"这个词意义相同或者意义接近的词。

　　一个受教育时间连三年都没有的人，他怎么可能会具备正确回答这道题的能力？甚至，还有的题涉及魔方，像周玮这样出生在偏远小山村中，并且因为同龄人的嘲笑而不敢走出门的人怎么可能会知道魔方这样的东西？面对一个小学都没有毕业，只是凭借兴趣而接触数学世界，却有着超高天赋和能力的人，谁会忍心用一个测试的结果去断言他是个智障？

　　比奈老师说道："我的智商测量表的第二个缺陷就是它的覆盖面太窄。虽然它囊括了有关空间转换、逻辑分析之类的内容，可是这些都属于理科的范畴。莫非只有那些数学好的人才能被称作是正常人吗？贝多芬、凡·高之类的人大部分对数学毫无兴趣，在数学方面的表现也只是中等而已，但他们绝对不是平庸之徒，在音乐和绘画领域他们可谓百年不遇的奇才。这一点是无法在我的智商测量表中看出的。"

　　智商测量表的第三个缺陷就是，里面有些题目的答案是模棱两可的。其中有一道题问的是，请从 N、A、V、H、F 中选出一个与众不同的。

人们可以选择F，因为N、A、V、H这四个字母的左半部分都可以通过旋转或者折叠变成右半部分，而F不能；同时，我们还可以说正确答案是V，因为剩余四个字母都是由三笔构成。每个人都可以得出不同的答案，因为每个人的思维模式都不一样。

智商测量表中的答案无非是大多数人的选择而已。仅仅由于某个人的思维方式比较独特，不同于大众便把他定义为智障？仔细回想，我们今日习以为常的生活用品放在几十年前根本就是无稽之谈，所以，我们很难判断身边某个奇思妙想的人是智障还是未来的大发明家。

"总而言之，由于我的智商测量表存在某些方面的不足，我们很难用它去定义一个人是否为智障，这也解释了为什么智商测量表一直在不断地被翻新，不断地被改进，"比奈老师说道，"话说回来，天生我材必有用，只要发现自己的特长，找到自己擅长的领域，向着目标不断前进，就算你的智商只有几十，你也一定会成功。"

孙昱鹏惋惜道："不过可惜的是，很多人因为别人反应慢或者智力低下而对他们嗤之以鼻，甚至嘲笑、戏弄他人。就像那个天才周玮，他从小就被同学歧视、排斥，而且老师还告诉家长孩子智商太低不能继续上学，这些因素无疑为周玮的成长制造了很多阻碍，他只能与计算器和数字为伴。"

比奈老师说道："是呀，估计周玮当初的老师都没有想到，当年那个被他劝退的学生今日居然会有如此的成就。未来无法预测，没准你今日嘲笑的那个人就是被埋没的天才，那些嘲弄的幼稚行为就像是往钻石上撒灰一样。在对自己的未来持以乐观的态度时，请同样积极地看待那些在跑道上落在你身后的朋友。"

第四节　智商高 ≠ 天才

比奈老师："我们已经知道了智商低的不一定是弱智,那么智商高的人就一定是天才吗?"

夏楠:"王安石曾写过一篇文章,名叫《伤仲永》。(见图8-6)这篇文章主要讲在金溪有一个名叫方仲永的小孩。方仲永家中世代以耕田为业,所以很少接触文学之类的东西。在方仲永五岁的时候,某天他突然哭着管他老爹要笔和纸,于是他爹跑到邻居家借来了给他。方仲永如鱼得水,立马题了一首诗出来。从此,这个小孩就出名了,只要指定事物让他作诗,他马上就能写出来,而且诗写得还相当不错。渐渐地,村里的乡亲都来拜访方仲永他们家,还常常送一些礼物,甚至还有人花钱请他作诗。方仲永他爹觉得从中有利可图,便带着他四处走访一些名人豪绅来结交关系。可是,当方仲永十二三岁的时候,再叫他作诗,他写出来的东西已经和从前差之甚远。又过了七年,方仲永的才能消失了,和普通人没有什么区别。"

图8-6　伤仲永

比奈老师点点头:"不错,方仲永无疑就是我们口中常说的天才儿童,只可惜那个年代比奈老师还没有出生,不然可以给他测测智商。可是,这个天才是如何变成普通人的呢?原因很简单,

145

> 高智商往往意味着某种天赋，但天才并不意味着一定成功。

图 8-7　天才不意味着一定成功

方仲永的父亲为了谋取一点蝇头小利而整天带着他跑来跑去，使得方仲永连看书学习的时间都没有，最后导致他变得平庸，不再是一个令人叹服的天才。"（见图 8-7）

张栋兴说道："不光是方仲永，现实生活中的许多人智商都很高，但他们中的很大一部分不过是平庸之辈，并非天才，甚至有的时候，连普通人都不如。这种现象又因何而起？"

孙昱鹏说："电影《蜘蛛侠》中男主角彼得·派克的叔叔在临死前留给他的忠告是，能力越大，责任越大。不仅如此，一个人的能力越大，他面临的困难也就越大。而高智商人群想要坐稳'天才'宝座就必须战胜两个可怕的魔鬼——自负和独断。"

比奈老师说道："当一个超高智商的人看着身边的同学或者同事整日熬夜，艰苦奋斗很长时间才完成自己几个小时就能做完的工作时，这个人的内心一定会充满自信。自信自然是好事，不但让我们保持乐观积极的心态，还可以使我们有勇气去接受更有挑战的任务。不过，如果你对于自己的心态控制不当，这种自信很容易就会变成自负，懒散也会紧跟其后，张牙舞爪地向你扑来，将高智商给你带来的优越一点点磨平，甚至导致你败倒在那些本不如你的朋友的脚下。"

夏楠说："您说得有点抽象啊。"

比奈老师给出了一个例子：

某位智商高达 130 的高中生小 S，在上高一第一节数学课时感到分外轻松，心中不由得暗喜，庆幸自己碰上了一个有能力的数学老师。可是，下课后，班里的无数同学排着队找老师问问题。

见此状小 S 就很不解，以为自己上课错过了什么比较难的知识，便也跟着去问问题。没想到的是，同学们问的问题都十分简单。

几周之后，他发现自己在数学方面有很高的天赋，而且理解能力超强，往往老师只讲一遍他就能听懂。有一天，他打篮球的时候不小心伤到了手腕，就请假出去看病，不得不错过一节数学课。他找老师补课的过程中，意识到老师上课讲 40 分钟的知识自己十多分钟就能搞定，甚至不用依靠老师，自己看书都能大致理解。

从那以后，他就开始时不时地上数学课睡觉，还翘课，觉得自己这么聪明，差一两节课也无所谓。回到宿舍，看到舍友努力认真写作业，他心里暗笑，"哼，你们这些渣渣，一个数学作业都要写两三个小时，哥不写分数都比你们高。"

于是，他落下的课越来越多，最开始考试的时候凭借考前突击还能勉强得个优，渐渐地，就算考前突击也无力回天，他的成绩已然变成了中等。

比奈老师说道："接下来，我就要讲到导致高智商的天才变为普通人的第二个重要因素——独断。高智商的人会因为过度自信，而变得独断，刚愎自用。因为觉得其他人不如自己，所以对于他们给出的一些意见，哪怕是有用的正确的，也不理不睬，从而使得他们在错误的道路上越走越远。"

孙昱鹏说："遇到这种情况，正常人一般都会找朋友或者老师恶补吧？"

不错，但是小 S 偏不这么做。当同学好心帮他讲题或者指出他解题方式的缺陷时，他却心想，"哼，你们这些渣渣，明明是你们的方法不够好，居然还说哥的方法不正确。"他拒绝找同学寻求帮助，同时又因为老师总是指责他不去上课而不愿意找老师。最后，就连别人劝他去上课时，他也在想"哼，你们这些渣渣，我和你们不是一个级别的，上课什么的根本不需要。"由于小S过于相信和依赖自己的智商，并且对朋友的建议充耳不闻，他的下场很惨，不光成绩平平，还多次因为逃课被叫家长。

夏楠点点头，方仲永、小S他们都不是特例，而是我们生活中经常遇到的人，或许他们的确有着某种他人不具备的天赋，可生活是一场马拉松，最后胜利的往往不是跑得最快的那一个，而是有耐心、有毅力的那一个。

所谓"满招损，谦受益"，能在比奈老师的智商测量表中得到 个高分无疑是一件好事，如果合理利用并且时时保持着一颗"三人行必有我师"的心，你会收获许多有价值的东西，成为人人仰慕的"天才"。

相反，如果你因为自己的智商、能力比他人高而变得骄傲自大，独断专行，你会错过很多对你人生有利的东西，久而久之，别人小步慢跑终究会超过在原地打转的你，"天才"这个词也会离你越来越远。

著名演员葛优无论是从20岁开始演戏，还是现在成为家喻户晓的大腕，他从未自满，总是用一副低调谦虚的态度待人处事。读书不敢说读书，觉得自己学疏才浅，便说"看几个字"；当别人夸赞他某一部戏演得出色时，也只是笑着摆摆手，解释说"不过是导演和剧本好"；无论是谁，名气大小，身价高低，跟他讲戏的时候，他也总是虚心聆听，没有一点不满。若想成大事，这种品质是不能少的，就算是天才也不例外。

第九章
施奈德讲"错觉"

本章通过3小节,详细介绍了施奈德关于"错觉"的心理学知识点。本章通过幽默风趣的语言、简洁有趣的配图,让读者很轻松地理解了公开含义和隐藏含义,适用于渴望了解错觉的读者,并能帮助这部分读者显著提高其心理学能力。

科克·施奈德（Kirk Schneider）

美国心理学家,哲学博士。

施奈德主要研究领域是存在—人本主义心理学。他除了重视理论研究外,更重视理论在日常生活中的应用。他倡导人应该对自己的心理状况有所了解,并进行自我心理理疗。

他是存在主义心理学大师罗洛·梅的合作者和继承人,是美国当代人本主义心理学的代言人,也是美国人本主义心理学院创建者之一。

第一节　你为什么要下意识地伪装

施奈德老师问："你伪装过自己吗？"

面对这个问题，几乎全班同学没有人会理直气壮地站起来说："我没有。"

施奈德老师笑着说："各位先别急着反驳，在我们的日常生活中，每个人都会因为利益或者感情上的缘由而掩盖起自己的真实想法和情感。我把这种现象定义为人格面具。"（见图9-1）

人格面具？夏楠心想，这听起来会让人不由自主地联想到戏剧演员脸上戴的滑稽面具和悲伤面具。

图 9-1　人格面具

施奈德老师说道："这个概念有一点类似于社会学上的'role play'角色扮演，是指一个人为了满足他人的期望而特意表现出来的行为。人格面具处于性格的最外层，它常常掩饰着真正的自我。每一种社会文化都是由多种多样的角色组成的，比如，丈夫、妻子、学生、父亲、母亲、神父、警察。

"对于不同的角色，大众都会给予不同的认可与期望，比如我们心目中神父的形象就是正直、神圣、善良与包容。所以，当一个人的社会角色被定义为神父的时候，他不得不把自己心中的偏见收起来，一视同仁地接纳所有来到教堂的人，哪怕这人曾是自己的杀父仇人。"

确实，夏楠心想，假设一个因偷情而深感愧疚的男人向神父祷告，而这个神父转身就打电话把男人的话一五一十地告诉他的妻子，说"喂喂喂，我是神父，刚才你老公跑过来告诉我说他在东莞……"尽管他的举动是出于正义，但得到的也只会是人们的唾弃与咒骂。因为他打破了大众心目中神父的形象。

施奈德老师说道："人格面具甚至还包括人的穿着打扮。这样的行为往往融入了一定的自我认同，同时也能真实地反映出我们的角色以及能力水平，这些对正常的社交有着很大的帮助。当警察穿上制服的时候，其实就等于给自己'戴上'了一个正义与威严的面具。不过时间一长，人格面具会在我们的身上留下烙印，让我们下意识地做一些不必要的伪装。"

何超凡说道："我是一个小团体的主心骨，我身边的朋友无论是分手失恋还是事业低谷都会在第一时间跑来找我倾诉，而我正好思维敏捷，又是一典型的乐观主义者，总能为找我哭泣的小伙伴提供优良的解决方案，帮他们鼓舞斗志并且抚慰他们受伤的小心灵。不知不觉中，我就会给自己戴上一个'心灵治疗师'的面具，并且时刻保持一副坚忍不拔，天塌下来我顶着的态度。"

孙昱鹏说道："可不是嘛，有天，你被你的女朋友甩了，那时候你肯定心情忧郁，精神恍惚，但当你身边的好朋友过来问你怎么了的时候，你的第一反应肯定是装出一副无所谓的样子，说我没事啊，就是昨晚熬夜了有点没精神。不是你死要面子，只是你已经习惯了在朋友中扮演一个乐观派的角色，所以你就下意识地把自己的情绪伪装了起来。"

施奈德老师说道："不错，'男儿有泪不轻弹'说的就是这个道理。既然把自己定义为一个刚毅的抠脚大汉或者洒脱的女汉子，自然就会选择去独自承受一些风雨，然后四十五度角仰望天空，让眼泪倒流。

"一个健康的自我是需要依据环境的不同扮演相对应的角色，这就是大多数人群伪装自己的主要原因。当然，有些时候我们伪装自己是为了掩盖心中的'阴影'。所谓'阴影'，它是指一种低级的、动物性的种族遗传，具有许多不道德的欲望和冲动。这里的'阴影'与弗洛伊德提到过的'本我'十分相像，指的都是被人们掩盖在心中的最原始的欲望。由于估计到自我的社会角色以及在众人面前的形象，我们通常会把这类'阴影'压制在内心深处，并且用人格面具把它严严实实地包裹起来。

"举个例子：好比你是美国总统奥巴马，今天下午要去参加联合国的理事会探讨人权问题。因为心情过于兴奋，中午大葱蘸酱、小葱拌豆腐、拍黄瓜吃了好多，然后又啃了几头大蒜。下午开会的时候，轮到自己发言了，刚想说话，身体里就突然冒出一个打嗝的欲望。刚张开嘴，却又想到自己是堂堂美国总统，一国之首，如果在这么重要的场合打出一个惊天的响嗝，那岂不是成了明早的报纸头条，让其他领导人笑掉大牙。况且，仔细回想，今天中午自己吃的这些东西味道也不好闻。最终他只好把自己的这个欲望深深隐藏起来，装成什么事情也没有的样子。（见图 9-2）

"美剧《生活大爆炸》中的生物博士艾米曾经跟好朋友佩妮讲到过动物习性，她说母猩猩看到有其他的同性接近自己配偶的时候会往它们身上扔自己的排泄物来示威。几天之后当佩妮看到别的女孩勾引自己男朋友的时候，说道：'现在我的确想往她的身上丢大便。'

图 9-2　形象的自我维护

"无论是打嗝，还是往别人身上丢大便，这些都是最原始的欲望，当人们还是猴子的时候就已经扎根在我们的体内了，不过阴影还包括一些不道德的欲望和冲动，这一类别的阴影就显得尤为阴暗。"

施奈德老师接着说道："再比如，一次单位的年终总结，你明明业绩名列前茅，口碑在众人面前也是首屈一指的，但结果年终大奖发给了你的竞争对手或者一个成绩不如你好，还招人讨厌的同事。此刻你一定是万分不服气，你去找领导理论也无济于事。心中的怒火无处发泄导致你每次看到拿奖的那个人，总是想绊他一脚，往他脸上吐口水，甚至把他老婆睡了来报复他。可是你优雅大度的形象是不允许你去做这样不道德的事情的。因此，再见到那个人的时候，你也只会满脸堆笑地说'恭喜恭喜'。

"不管是上面提到的哪一种伪装，都是为了满足社会的需求如果你碰巧发现了身边某个人的伪装，给予他们一些理解和一些空间，因为很有可能，这些伪装背后有一些善意的原因。

图9-3 给他人一些理解

或者掩盖自身的情感。如果你碰巧发现了身边某个人的伪装，给予他们一些理解和一些空间，因为很有可能，这些伪装背后有一些善意的原因，况且人格面具本身就是人类社会生活的一部分。所以，请大家时刻做到人艰不拆（人生太过艰难，彼此就不要互相拆穿了）。"（见图9-3）

第二节 让你哭笑不得的错觉

孙昱鹏一脸愁苦地说："我最近不知道为什么总是遇到这类事。走在街上远看某个人像自己的好友，走近了看却不是；买房时看起来像是100平方米的房子，购房中介却告诉我只有70平方米；明明是一张静态图，但是怎么看都感觉它好像是在动……"

施奈德老师笑着说："你经历这样让人哭笑不得的事情，这是错觉在捣乱。

"错觉，是指在特定情况下对客观事实产生的歪曲知觉。错觉可以是视觉上的，时间上的，空间上的。在此，我们要先区分两个易于混淆的概念：错觉和幻觉。

"错觉和幻觉的区别在于错觉的产生是建立在现有的事物之

上，而幻觉是不需要外界刺激可以自行产生的。简而言之，错觉是一种错误的感知觉，而幻觉，则是一种虚幻的不存在的感知觉。（见图9-4）

> 错觉，是指在特定情况下对客观事实产生的歪曲知觉。错觉可以是视觉上的，时间上的，空间上的，等等。

夏楠想到小时候被问到过一道经典的数学题，"一斤棉花和一斤铁，哪个重？"，大部分学生一定会第一时间骄傲地吼出来"铁重！"，其实两个是一样重的；还有在公园划船的时候，我们常常会以为是河岸在动。

图9-4 错觉

施奈德老师说道："有一个很著名的错觉图，两个大小完全相同的圆放置在一张图上，其中一个围绕较大的圆，另一个围绕较小的圆，人们会觉得围绕大圆的圆看起来会比围绕小圆的圆还要小，这就是错觉。但如果你看到了李白在街上喝酒，很明显这属于幻觉。错觉是每个人都有的，幻觉多见于精神病患者。"

孙昱鹏急道："那我们为什么会产生错觉呢？"

施奈德老师回答："别急，且听我逐个分析。首先，我们可能会因为心理因素而产生的错觉，这种被称作心因性错觉。"

张栋兴想到了曹雪芹的《红楼梦》，里面的贾宝玉和林黛玉两个人总是吵架，关系时好时坏。黛玉的丫鬟紫鹃想试探一下宝玉待林妹妹究竟是不是真，便编造了一个"明春家里来接姑娘"的谎言。宝玉听了以后信以为真，赶紧跑出去询问，在大观园中还错将湖中的石舫看成是来接林妹妹的船，于是大喊"把船开回去，把船开回去"。

这种行为很明显有着一部分心理上的因素。一个人在热恋的时候，只要和对方在一起便会觉得时间过得特别快，但是分开后就会觉得时间很慢，另一半两分钟没给自己打电话都感觉好像过了两个小时一样。杯弓蛇影不也是如此吗？

施奈德老师说道："第二种叫做生理性错觉，是指因为生理因素而产生的错觉。"

曾经有过这样的一个实验：警察给一个一天未进食的犯人蒙上眼罩，扬言如果他再不招供便放干他的血。然后在他的手上拉了一刀，就离开了。犯人被捆绑在椅子上，眼睛也被蒙住，房间里只能听到血滴到地板上的声音，滴答，滴答，渐渐地他感觉到身体虚弱，呼吸困难。

第二天一早，犯人果真死了，可问题在于，他手上的伤口早已经停止流血，听到的那种声音不过是天花板在漏水。手上的疼痛再加上滴水声误让犯人以为自己会死去，最后由于精神因素，造成了他的真实死亡。在水滴声的暗示和自我暗示下，心理矛盾变成了身体症状，出现了生理性错觉。那种虚弱感也不过是因为一天没有进食而已，但他却错认为是失血过多的征兆。

施奈德老师继续说："最后一种是病理性错觉，这种错觉通常会在我们因为生病而导致高热谵妄、意识不清晰的时候出现。"

例如，病人可将正在输液的盐水皮条错看成毒蛇；将床边柜上的花瓶错看成骷髅，将吊灯错看成可怕的巨蟒……病理性错觉常带有可怕的成分，所以患者情绪十分不稳定。当体温降低，意识转为清晰时，病理性错觉也就不医自愈了。（见图9-5）

图9-5 产生错觉的人

夏楠说道："生活中有些人会灵活地运用错觉来达成自己想要的目的。一些商店会利用空间错觉来降低经营成本。我曾经遇到过一家灯具商店，里面五花八门的灯具连成一片，璀璨夺目，看了一圈才发现这个商店其实并不大，只是由于墙壁上镶了几面特别大的镜子，乍一看，整个店堂好像特别宽敞明亮，灯具也显得增加了一倍，给人以目不暇接之感。这就是空间错觉在商业中的妙用。"

"是呀，在寸土寸金的高地产时代，如何巧妙地利用空间陈列商品已然成为一门学问，"施奈德老师赞同道，"如果借鉴以上做法，在商品的陈列中充分利用镜子、灯光之类的手段，不仅能使商品看上去丰富多彩，而且还能大幅地减少经营成本。"

价格错觉是消费市场上一个广泛使用的手段。街上的很多商店门前都会挂着"赔本狂甩"或者"半价优惠"这类的促销提示语，为的是让消费者觉得自己家的东西实惠便宜。

在消费市场中两个有趣的现象，第一个是200元的衣服和原本500元，打完折300元的衣服相比，人们普遍会去购买后者，因为从心理上错以为自己省了许多钱。

第二个就是99元不到100元的价格，便宜；而101元是100多元的价格，贵。其实两者只差2元钱。（见图9-6）

作为消费者，总是希望用更少的钱买到更贵的东西，因此，充分利用价格错觉给商品进行定价对于卖家来说是非常必要的。

图9-6 刻意营造的商业错觉

施奈德老师继续说:"去过日本的朋友应该都去过日本有名的三叶咖啡店。这家店的咖啡口感香浓丝滑,受到了广大消费者的喜爱,但是不知道你们可曾注意到,三叶咖啡店清一色的红色杯子从未变过。不是因为老板偏爱红色,而是他发现不同的颜色会使人产生不同的感觉。于是他邀请了30多个人,将4杯浓度相同的咖啡分别装在红色、咖啡色、黄色和青色的杯子里请众人品尝。所有人一致认为红色杯子中的咖啡太浓了,而认为咖啡色杯子太浓的人约有三分之二,青色则太淡,黄色正好。从此以后,三叶咖啡店一律使用红色杯子盛咖啡,既节约了成本,又使顾客对咖啡质量和口味感到满意。"

一位女同学说:错觉也可以用来穿衣打扮。

施奈德老师说道:"不错,2010世界杯阿根廷足球队的前锋梅西无疑获得了广大女球迷的喜欢。说实话,梅西的个子不像有的队员那么高大,但是阿根廷的竖条斑马线队服让梅西的身材显得又高又结实。有些女孩子为了美而拼命减肥,其实不用那么麻烦,为了显得自己身材苗条,可以试着买一些印着竖向线条的衣服。竖向的线条,容易把人的目光引向上下,使人的身材显得纤细,而横向的线条,把人的目光引向左右,让人显得更加丰满。所以女孩子要学会利用错觉买适合自己的衣服。"

第三节　那纵横驰骋的联想

施奈德老师问夏楠:"你身边有没有正处于热恋中的女性朋友或好兄弟?如果有,那你一定能体会到那种感觉,就是无论你正在和他们聊什么，话题总能被扯到他们的女朋友身上。"

夏楠还没说话，孙昱鹏开了口："没错！我跟我的一位女性朋友逛街买衣服，她会喋喋不休地跟你讲她男朋友喜欢什么样的款式，她男朋友爱穿什么牌子以及她和男朋友逛街时遇到了某某某；我拉着我的好兄弟去打游戏，他会一直在我耳边碎碎念，'哎呀，我女朋友不让我打游戏，万一她知道了怎么办……'然后女朋友长女朋友短地说个不停。这对于单身的我无不是一种折磨，我的内心在嘶吼——为什么他们总是联想到他们的对象？"

施奈德老师笑着说："就此，让我们带着对身边情侣的羡慕嫉妒恨走进联想的世界。"

联想指的是由于一件事情想起与之有关的其他事情的思想活动。简单地说，外部特征或意义相似的事物之间可以同时反映在我们的脑中并且建立联系，所以，只要一个事物出现，与之相关的另一个事物也会随之出现。联想与想象不同，想象是从一个事物凭空构想出一个不存在或者闻所未闻、见所未见的事物，而联想出的另一个事物是真实存在或者之前就已经保存在记忆中的，两者之间是有关联或者类似的。

施奈德老师说道："比如，我们可以从香蕉联想到茄子，甚至联想到猴子，但肯定不会想到香蕉侠，因为根本就没有香蕉侠这种东西，这就是联想与想象的差异。"（见图9-7）

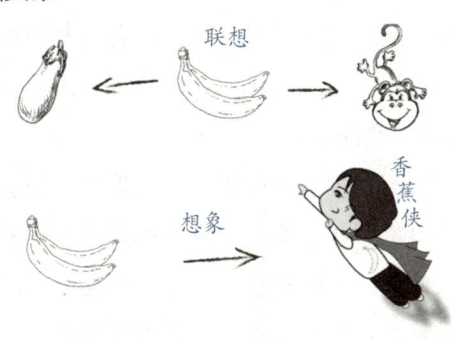

图9-7　联想与想象

联想这个概念最早是由亚里士多德提出的，他断言我们现在有的所有观念的产生必伴随另一种与之相近或相反的，或是在过去经验中衍生出来的东西。17世纪，联想变成了心理学中最常用的术语。巴甫洛夫也用自己创立的条件反射理论解释了联想一词。

夏楠说："你看到卖糖的老奶奶会条件反射地分泌唾液，尽管你并没有吃到糖。"

施奈德老师点点头："不错，词语联想测验可以间接地透露患者的心理状况和特殊情节，这便是心理学投射最早的测验方法。普遍来讲，联想规律分为四种：相似联想，接近联想，对比联想和因果联想。"

相似联想是对一件事的回忆会引起与它性质或者形象上相近事物的回忆。比如，从蜘蛛侠联想到超人，从哈根达斯联想到小布丁，它反映的是两者之间的共性和相似性。写作中就常常借助相似联想来进行比喻和修饰，例如，我们常用松柏或者竹子形容坚忍不拔的性格。除此之外，两个形状相似的东西也可以在脑中建立联系，像德玛西亚和马来西亚。

而接近联想是指两者在时间上或者空间上接近，从而形成联系。我们提到刘关张就一定会说曹操和孙权，去南京旅游无疑要到扬州的瘦西湖转一圈，等等，因为这两者之间的年代和地理位置十分接近。

第三种对比联想，顾名思义，是从一个事物联想到与它相反的事物。相信我们小时候都背过李渔的《笠翁对韵》，天对地，雨对风，大陆对长空，还有清暑殿，广寒宫，塞雁对江龙。显而易见，这里面有很多都是对比联想。

最后一种因果联想就更不用多说了。早上出门看到地是湿的，自然而然就会联想到昨晚下雨了，电视剧《神探狄仁杰》里面狄公能料事如神就是凭借因果联想。很多广告也经常借用因果联想来告知消费者自己的商品可以满足什么样的需求，例如绿箭口香糖的一则广告拍的就是一个中午吃了很多洋葱、大蒜的男人依旧无所畏惧地跟同事聊天，原因就是他嚼了两片绿箭口香糖，无须担心口气问题。

施奈德老师说道："了解了主要的四条联想规律之后，让我们把目光再放回词语联想测验上面来。测验非常简单，医生给你一个词，说出你能联想到的第一个事物是什么，然后记录反应用的时间，有的医生还会使用仪器测试心跳变化、血压，等等。接着，再根据你对不同词语的反应时间，联想到的事物，甚至是口误来推测你的心理状况和一些特殊的情结。"

"当然，这些词语并不是随意给出的，是经过多次的试验和反馈总结出来的，而且包含很多方面的内容，"施奈德老师强调，"这些词汇好比一把尖刀，可以刺破我们的伪装直接扎到心底。假如别人听到水这个词想到的都是河流、甘甜、清凉之类的词，而你却联想到了死亡或者迟迟不肯说出心里的答案，这就说明这个词汇触动了你的某根神经，可能你因为儿时溺水所以现在心里有很严重的'水'情结。"（见图9-8）

> 词语联想测验可以间接地透露患者的心理状况和特殊的情节。

图9-8　词汇联想测验

夏楠说道："您说得对，曾经有一名35岁左右的中年男子接受了单词联想测验。这名男子对于'刀''打架''瓶子'

之类的词反应时间远远高出平均反应时间，很快就被推测出这名男子曾涉及一桩酒后伤人的纠纷。这名男子听了分析后惊诧不已，最后和盘托出事情的前后经过。原来，他曾因为酒后与人发生争执，一怒之下一刀刺伤了对方而被判刑一年，由于这名男子出生于德高望重的家庭中，这件事情成为他隐藏多年，不愿提及的心理阴影。不想，却在单词联想测验中暴露了出来。"

施奈德老师说道："现在科技水平的提高，导致很多人认为单词联想测验属于我那个时期的产物，过于简单，甚至已经过时，但是这种方法所代表的方法论，即刺激产生反应，再由反应推断心理状况，是具有潜在价值的。"

"不光如此，我们还可以从中了解到联想对我们的意义和广泛度，"施奈德老师笑着说，"不过，当你面对好朋友从所有的话题联想到自己的男朋友并且一直念叨他们之间的恩爱小故事的时候，很可惜，我对这一点并没有研究，所以你们只能默默地忍受了。"

第十章
霍尔讲"情绪"

本章通过3小节,详细介绍了霍尔有关"情绪"的心理学内容,语言幽默风趣,适用于渴望了解情绪心理学的读者。

斯坦利·霍尔(Stanley Hall)

美国心理学家、教育家,美国第一位心理学哲学博士,美国心理学会的创建者。

霍尔早年曾经在莱比锡大学接受过冯特的实验心理学训练,回到美国之后,他在霍普金斯大学设立了心理学实验室,着力研究发展心理学。

霍尔认为,实验心理学所能研究的问题太狭隘。因此,他采取功能主义态度,强调发展心理学的重要性。

第一节　情绪心理学

孙昱鹏拿着手机吐槽："能不能不要一天在微博和朋友圈里发那么多的状态，为什么吃个苹果都要感慨一下？！一天哪来那么多的情绪波动，心理活动可不可以不要那么频繁！"

很明显，孙昱鹏是在吐槽网络上整日无病呻吟，把微博朋友圈刷屏的那些人。不光是他，许多人也有过类似的经历，有时候看看手机，上上网，却发现里面全是同一个人的动态，实在让人受不了。

夏楠赶紧拉着孙昱鹏来到心理课堂，因为今天的心理学老师霍尔，对情绪可是大有研究的。

情绪波动是再正常不过的事情，不要为控制不住情绪而自责。

霍尔老师说："其实，情绪波动非常正常，它一直在我们的生活中扮演一个很重要的角色。它是激发心理活动和行为的主要元素，同时也是人际交流的重要手段。总之，一切行为都可以触发我们的情绪变化，情绪变化也会反作用于将要发生的行动。"

图 10-1　人的情绪波动是正常的　（见图 10-1）

除了微博、朋友圈里面那些整日把自己的情绪表达在网络上的人之外，心理学也一直抓着人们的情绪不放。因为它有助于心理学家了解我们的心理活动以及探索情绪与大脑之间的内在联系。

心理学会把情绪定义为个体根据客观事物是否满足自身需要而产生的态度体验。就像有人赞美我们时，我们会感到愉快，有人责备时，我们会感到不公，从而产生沮丧的情绪。但是，也有一些学派对情绪有着独特的见解。

精神心理学派弗洛伊德老师认为，情绪是受无意识控制的，但又是我们可以意识到的事物。它是源于我们内心深处的心理能量的一种释放。

霍尔老师解释道："比如，一个人坐公交的时候，不小心被人踩了一脚，可能他心里挺不高兴的却没有表露出来，过了一会儿，这个人又被踩了一脚，他还是笑了笑没有发火，不幸的是，他再一次被人踩了一脚，他想都没想直接骂了出来。刚才的经历在他的内心积攒了不爽的情绪，最后的那一脚导致这些内心的情绪一瞬间释放了出来。

"看过了精神学派的分析后，我们再来看看心理学是如何理解情绪的。心理学认为，情绪是一种遗传反应的模式，它涉及一个人整个的生理活动，特别是内脏和腺体。我们害怕的时候会加速腺体的分泌，一旦害怕的情绪产生，即使在冬天，我们也会汗流浃背。"

夏楠说道："消极刺激可以引发焦虑或者恐惧，积极刺激可以引起欢快或者愉悦的情绪反应，而排除积极情绪又会引起焦虑或者恐惧。对吗？"

霍尔老师点点头，说道："这几句话的意思就是如果我们吃苦的东西，会产生消极的情绪，但如果让我们把味道苦的东西从嘴里吐出来或者吃甜的东西就会感到愉悦，再次把嘴里的糖吐出来又会产生消极的情绪。"

我们都学过化学，根据元素周期表，我们知道每一种物质都是由不同的原子或者电子组成,像水分子就是由两个氢原子和一个氧原子组成的化合物。

其实情绪也一样,是由不同的元素相结合而构成的。这就要说到冯特老师的情绪三维理论了。他认为情绪是由愉快—不愉快,激动—平静和紧张—松弛这三个维度构成的,就好比空间几何里面的 x 轴、y 轴和 z 轴。

我们生活中感受到的每一种情绪都是处在这三个维度中不同的位置。举个例子,当我们历经千辛万苦终于爬到山顶,之后会感到愉悦,激动,身体舒畅,不像爬山时那么紧张。所有的情绪都可以用冯特老师的三维理论进行剖析。

尽管冯特老师的三维理论是出自主观上的自我描述,但相对其他的理论更加切合实际,也更容易被人接受。后来许多诸如此类的情绪维度量表,像施洛伯格的三维理论、伊扎德的思维说等都是在冯特老师的基础上加以改造,衍生出来的。

既然说到情绪,我们来谈谈如何控制自己的情绪。

有的人常常因为各种原因掩饰自己的情绪,把愤怒、忧伤都压在心底,同时,有的人性格直爽,想到什么就说什么,对自己的情绪丝毫不加以控制。这两种极端无疑对我们的身心成长都是有害的,前者可能会导致忧郁症,而后者则会让我们因为一些不必要的争吵而失去很多知心朋友。

霍尔老师说:"我觉得,控制情绪不代表违背自己心愿地一忍再忍,而是敢于直视自己的负面情绪,并学会利用它们。当有人严厉地指责我们的时候,与其撕破脸和他大吵一架,不如把他的指责看作是一种帮助,虚心接受,有则改之无则加勉。如果你无法看开,那也可以选择换一种方式来发泄自己的消极情绪。假如,面对老板的批评指责,你内心十分不爽,却又因为害怕丢了工作而不敢骂回去的时候，不妨到健身房或者球场上痛快地玩上一两个小时，等你满头大汗时，之前的那些消极情绪也就烟消云散了。"

不管是哪一种方法都可以有效地控制好自己的情绪。每次在发火之前先思考一下，为这种事情发火值得不值得？难道自己就没有做错的地方吗？一定要发火才能解决，就不能静下心来好好地谈谈吗？其实，这样一想，你会发现生活中的很多事情都没有必要争吵。

霍尔老师说道："或者，还可以像电视剧《武林外传》里面的郭芙蓉一样，每当自己脑海中产生了揍人的想法时，就心中默念三遍'世界如此美妙，我却如此暴躁，这样不好'。如果你已经满腔怒火，连思考的能力都没有，不妨先一个人冷静一下，睡一觉，第二天起来再解决。"（见图10-2）

图10-2　自我控制情绪

总而言之，希望每个人都可以控制好自己的情绪，避免那些伤感情而且不必要的争吵。既然退一步可以海阔天空，那么看开一点又有何不好呢？

第二节　最大的悲哀是无助

霍尔老师仰头长叹："有人说世界上最可怕的不是苦难，而是你已经习惯了苦难，不再试图去反抗，去改变些什么，只是静静地坐在那里等待苦难来袭。我们都体会过无助的感觉，但你可曾想过，无助是可以被锻炼出来，养成习惯的。"

老师举了个例子：美国心理学家塞利格曼以前就做过类似的实验。他把狗关在一个笼子里面，并在笼子内安装了蜂音器，只要蜂音器一响，就往笼子内通电，笼内的狗无法逃避，只能忍受电击带来的剧痛。如此重复一段时间之后，在蜂音器响时打开笼子的铁门。所有人都以为狗一定会发疯一般地跑出笼子，可是不然。笼子里的狗不但没有逃，反而倒在地上流着口水呻吟，身体还一直抖个不停。（见图10-3）

图 10-3 无助的狗狗

霍尔老师把这种本来可以逃避却无助绝望地等待痛苦的行为称作习得性无助。习得性无助是指动物在经历了某种学习后，在情感、思想和行为上表现出极其消极的心理状态。不光是动物，习得性无助在人类的身上也会发生。

夏楠仔细一想，学校里面确实有学生因为多次努力学习之后依旧分数不理想，最终放弃学习，变得懒散、怠慢、消极，不管大考小考都是糊弄过去。他们拖延作业，一遇到困难的数学题很快就放弃。很有可能他们成绩不高只是因为学习方法上的错误，明明有机会改变自身情况，却只是无助地接受。

霍尔老师说道："在我提出这个概念很多年之后，依旧有人在继续习得性无助的实验。在美国费城的天普大学，菲立普和其他三位实验人员训练老鼠认识警示灯的作用。每当警示灯亮起，五秒钟之内将会有电击出现。在实验箱的另一端是一个绝缘体的小房间，只要走到这个区域内就可以避免电击。一旦老鼠明白了警示灯的含义就可以走到旁边的安全区来保护自己不受电击的威胁。在老鼠学会了这一点之后，实验员又用一块隔板把安全区挡住，这样一来，老鼠就不得不忍受更加持久的电击而且不能逃避。出乎意料的是，后来当隔板被拿走，老鼠还是无法学会逃避，只是呆呆地在原地等待电击。"

霍尔老师指出："如果一个人已经认定自己无法完成这件事，那么无论面对多好的奖励，他都是无动于衷的。不得不承认，世界上最大的悲哀的确是无助。消极、堕落都是无助的副产物，不过无助还有一个很有趣的附带品，就是斯德哥尔摩综合征。"

1973年8月的瑞典，首都斯德哥尔摩的一家银行被两名全副武装手持枪械的劫匪抢劫，同时劫匪扣押了4名银行人员作为人质与当地警方对峙了6天之久。6天后，当警察已经做好了危急情况下击杀劫匪来保证人质安全的准备时，4名人质中的3名人质把劫匪围了起来，保护他不会受到警方的危害。

事后，人质非但没有提出控诉还出庭为劫匪做辩护，更有趣的是人质中的一位女性爱上了其中一名劫匪，他俩人最后订了婚。这等怪事让人百思不得其解。

后来，为了解答人们心中的疑惑，心理学家开始着手研究这种现象并将其命名为斯德哥尔摩综合征。斯德哥尔摩综合征其实也是习得性无助的一种，它向我们证明了人是可以被驯养的。

斯德哥尔摩综合征其实也是习得性无助的一种，它向我们证明了人是可以被驯养的。

假如，一个人被囚禁了起来，每天遭受非人的虐待和侮辱，但是一直不被杀死。时间一长，就算欺辱他的那个人良心发现，放他离去，他也不会真的离开，反而会对这个欺辱他的人心存感激，把他当成生命中最重要的人。（见图10-4）

图10-4　斯德哥尔摩综合征

因为在囚禁期间的心灵和身体上的双重痛苦外加与外界没有丝毫的联系，已经让这个人变得极度无助，以至于之后他忘记了如何反抗，以为承受痛苦是他生活中无法逃避的一部分，而实施痛苦的那个人随便的一点小恩小惠，都会让他觉得仿佛是耶稣转世，救命恩人一般。说到底，无助已经在他的心里扎根发芽，让他忘记了本来的自己。由此可见无助的可怕性。

霍尔老师说："幸运的是，习得性无助是可以被矫正的。下面我就为各位讲述一下。"

首先，无助成性的人需要先充分理解习得性无助的成分。让他们意识到原来的自己根本不是这样的，是由于受到了太多挫折而且自我意识不够强大而导致的。没有人生下来就是消极无助的，一定是受到了外界环境的打击，比如父母、老师的指责，同学的嘲笑，才会变成这样，或者是因为自身面对困难的勇气、努力不够。

然后要帮助他们发现自身问题，很多人在无助的状态下依旧感到安逸正是因为他们完全沉浸于其中，不能发现自身的不足以及无助所带来的坏处。

接着就要教给他们如何改变，驳斥这种安于现状的想法，驱除内心深处的无助感。可以跟他们分享成功的喜悦以及成功的途径，还要让他们相信无论是什么样的困难都是可以被克服的。通常来讲，一个内心无助、情绪消极的人周边朋友也一定是类似的，所以，可以带他们多接触一些积极乐观的人，让这些朋友的正能量去影响、改变他的思想。

总之，习得性无助的主要矫正策略就是自我认知、自我谈话、自我控制和自我评价。

虽然我不知道霍尔老师年轻的时候是有多憎恶狗这种生物，但是我们都从他的实验中见证了无助这种负能量的危害。可能正在看这篇文章的你也经常感到无助，不过我觉得你想要过什么样的生活就会遇到什么样的困难，如果你遇到的是上等的困难，那么就证明在困难的背后迎接你的是上等的生活，所以在面对困难的时候，无须感到无助，凡事都是有解的，只要自信、无畏地坚持下去，故事的结果一定是你想要的那种。

霍尔老师笑着说："所以啊，就算生活真的那么不如意，也要保持乐观，耐心等待，解决方案就在眼前，如果连跑过去的能力都被抹杀得一干二净了，到头来只能任人宰割。"

第三节　你的工作与你的情绪相符吗

霍尔老师笑眯眯地说："各位是否有过这样的经历：看着办公桌上的图纸、材料，左思右想可就是没有一丁点的思路；会议中某位同僚的提案明明很有价值，却在第一时间被否定了；梦想着做一名画家，但是提笔时脑子总是空空的，没有想法。这些情况的发生可能不是因为你的能力有问题,而是因为你的工作与你的情绪不符合。"

夏楠说:"您这样说难免会有一点抽象。"

霍尔老师说:"是吗?那让我们先来探讨一下情绪。我们都知道情绪分为两种,积极情绪和消极情绪。但是你肯定不知道,像愤怒、恐惧、忧郁这些消极情绪在面对巨大的挑战时,提供给我们的帮助比积极情绪还要大。"

霍尔老师讲述道:"恐惧是当我们感知到危险来临时会做出的第一反应,忧郁是失落的信号,而愤怒则是我们的资产被侵犯后的表现。无论消极情绪中的哪一种都是我们应对外界威胁的第一道防线,它使我们全副武装,做好应战的准备。"

这些威胁往往都是非赢即输的。好比一场比赛,要么你得分,要么我得分。消极情绪在这种时候会起到主导作用,使我们的思维变得敏捷,更加专注认真。这场比赛的结果越出乎意料,比分相差越悬殊,消极情绪就越强烈。

简而言之,是消极情绪帮我们取得成功,这时,不由得有人会问,那积极情绪去哪儿了呢?实话告诉你们,自信、满足、幸福之类的积极情绪只有在成功之后,才会像战利品一样出现在我们的面前。

根据我们心中积极情绪和消极情绪所占比例的不同,我们的行为也会有所区别。有的人是积极情绪主导,多小的事情都可以给他们带来幸福感,而且会持续很长时间。

也有的人天生就是消极情绪占主要地位,即使获得巨大的成功,他们也不会欢呼雀跃。大部分人都处于这两个极端的中间。

霍尔老师说:"积极情绪和消极情绪对于同种工作有不同反应以及利弊。消极情绪可以拓展我们的思维,让我们变得更有想象力和创造力。"

夏楠点点头,一项有关医生的实验恰好证明了这一点。44名医生被随机分到3个小组中,第一组的每个人都会得到一小包糖果,第二组任务是大声朗读人本主义对医生的看法,第三组则是控制组。然后给所有医生一个很难诊断的乙肝症状,让他们说出自己的诊断步骤,结果是得到糖果的那一组的医生回答得最快最准确。因为收到糖果的人普遍有着很好的心情,这种积极的情绪让他们思维更加清晰。(见图10-5)

图10-5 一项有关医生的实验

霍尔老师说道:"除此之外,我对于积极的情绪还有另外一种'幸福但愚蠢'的看法。某学校的大学生被要求判断自己能否控制一盏灯,这个灯有的时候可以被控制,只能在人按下开关的时候才会亮起,但是有的时候却不能被控制,灯时亮时暗,无论被测试者是否按下开关。最后的结果出乎意料,相对抑郁的那些同学可以准确地判断出自己是否可以控制灯,而那些不抑郁的同学却无法正确地进行评估,即使当自己没有控制权的时候,也会觉得自己掌握着35%的控制权。"

夏楠恍然大悟,尽管有积极情绪的人更容易成功,但是有些时候他们会过度自信,他们的确记住了很多快乐的事件,甚至记住的比实际发生的还要多，同时忘记了那些不快乐的回忆。

如果有积极情绪的人获得了成功，他们觉得这是自己能力的体验，日后还会成功，相反，如果失败了，他们会把失败归根于小失误，或者运气不好。那些持有消极情绪的人，可能生活中的幸福感不会那么多，可是大部分都是正确的，会公正地评估正确和失败，而不是偏向哪一方。

霍尔老师跟我们分享了他的朋友——塞利格曼老师主持心理系系务会议的故事：数十年的经验告诉他，当开会地点选择了一个阴暗、没有窗户、没有生气的地方时，几乎每个人的脸上都写满了不愉快，以一种批判、挑剔的眼光看待那些接受面试的人。这种情况下，受聘率几乎为零，塞利格曼老师和他的同僚们拒绝了许多优秀的年轻学者，而这些人后来都成为了世界知名的心理学家。

由此我们可以看出，消极的情绪会引发一种挑剔的思维模式，而积极的情绪就不一样，它会带着一种寻找优点的眼光去待人接物，使思维变得更有创造性、包容性。所以，在生活中，我们需要选择不同的情绪去面对不同的工作。

霍尔老师说道："像研究生入学考试、计算个人所得税、校对编辑、辩论比赛、决定上哪一所大学这类的事情更多的是需要我们的批判性思维，应该用消极情绪去面对。比如，在自己烦恼或者对某件事想不通的时候，一个人坐在长椅上，或者下雨天安静地望向窗外，这些不安、悲伤的情绪不但不会造成妨碍，反而会帮助你思考，让你的决策更敏锐。"

"而面对那些需要想象力、创造力的工作，比如，设计销售方案、创意写作、绘画、即兴音乐的创造，等等，积极情绪会为我们提供更大的帮助。听一段轻松舒适的音乐，到风景秀丽的地方逛一逛，类似的行为都可以产生积极情绪。"

夏楠恍然大悟：由此可见，我们在开头所讲述的那些情况，很有可能是因为我们选错了工作时的情绪。静下心来，分析一下自己的工作具体需要一份什么样的心态，是更注重创造，还是更注重批判。在思考完之后，再根据工作情况去培养自己的情绪，如此一来，工作的效率自然会提高不少。

霍尔老师认真地说："当然，无论是积极情绪还是消极情绪，只是起到一个催化剂的作用而已，在工作生活上，起主导作用的还是我们自己。"（见图 10-6）

图 10-6　人生由理智决定

第十一章
塞利格曼讲"快乐"

本章通过3小节,详细介绍了归纳与发散的心理学问题,通过阅读本章内容,读者就能明白,只有寻找到快乐的根源,才能真正快乐。在寻找过程中,心理学能力尤其重要。

马丁·塞利格曼(Martin Seligman)美国心理学家。

塞利格曼毕业于普林斯顿大学,随后进入宾夕法尼亚大学著名的所罗门实验室从事心理学研究。

他主要从事习得性无助、抑郁、乐观主义、悲观主义等方面的研究,十分重视心理问题的临床诊断和心理学理论的临床应用,是全美享誉盛名的心理学学者和临床咨询与治疗专家,也是积极心理学创始人之一。

第一节　快乐来自哪里

今早,张栋兴提了个问题:"我不少朋友都在抱怨社会,不满身边的人和事,可是回想十几年前,当我们还没有iPad、电影院、手机,没有一个月七八千的工资,人们的快乐比现在要多很多。那时候,不用为蜗居发愁,不会因金钱而惆怅。是不是时代进步之后,快乐变得越来越难得?"

夏楠想了一下,不知道应该如何回应他,于是说:"今天是塞利格曼老师的课,主要是讲快乐的,我们还是听听塞利格曼老师怎么说吧。"

塞利格曼老师:"快乐的科学首先面临的问题就是什么最能让我们感到快乐,财富?学历?青春?婚姻?"

在对人们的调查研究中发现,如果一个人不用为衣食住行而发愁,高额的收入并不能带来多大的快乐。而良好的教育与高智商对快乐的增长也没有多大的帮助。放眼当下,很多研究生博士毕业之后,拿着文凭满大街找不到一个理想的工作,而农村一些文化水平较低的人反倒不用为这些事情烦恼。

同样,年轻也不能保证快乐。美国疾病管制局的一项调查告诉我们,20～40岁的年轻人情绪低落的时间比65岁以上的老年人还要长。不过,综合来看,拥有宗教信仰的确有带来好心情的作用,不过我们很难确定这种快乐是来自于神灵还是宗教团体。

最后，人们发现亲情友情和爱情能带来快乐。塞利格曼对当地大学生的调查问卷显示，最快乐与最不丑忧郁的学生只占到10%，他们最明显的一个共同特征就是都有亲密无间的朋友和幸福和谐的家庭，并且他们还会花费一定的时间与他们相处。

塞利格曼老师说道："在我写的《真实的快乐》中提到过，快乐主要是由三个要素构成，即享乐、意义和参与。享乐是指一些能让我们感到开心的事，比如读微博上的笑话，看搞笑的美剧电影，去KTV、台球厅、夜店之类的。意义就是人们通过发挥个人特长，努力工作后达到我们想要的结果，实现目标时感受到的快乐。而参与是对家庭、工作、爱情与嗜好的深度投入所带来的快乐。"（见图11-1）

图11-1　工作也可以带来快乐

夏楠对比了这三项要素，发现享乐给人们带来的快乐时间最短，而且很有可能还会导致一些不好的情绪。很多青年人都去过夜店或者迪厅，在灯光、香烟和酒精的刺激下，我们会暂时忘记烦恼，甚至运气好的时候还能遇到几个漂亮的美女。可是第二天起床，等待我们的是酒精带来的头痛，拖着疲惫的身子去上班。还可能会因为自己喝醉之后所干的一些违背良心道德的举动而感到愧疚。而且这种享乐大部分都是伴随着高额的消费。

塞利格曼老师说道："努力工作也能带来快乐。仔细想一想，从小到大，我们会因为作业得了优、考试拿满分、领导发奖金等事情欢呼雀跃。付出辛劳的汗水，然后收获，这种快乐相比于单纯的享乐更加有意义，更能让我们生活充实，对未来充满希望。

不过，快乐是需要分享的。"

夏楠想到了电视剧《北京爱情故事》，里面的石小猛为了不用再在北京这个大城市里面苟延残喘，为了让别人看得起他，用自己的女朋友沈冰做筹码换来了金钱地位，后来还出卖了自己的好朋友疯子来让自己手上的权力扩大。可最后，他一个人坐在偌大的房间里面，孤独地抽着烟，无比怀念以前和兄弟们喝酒的日子。没有了家人、朋友，就算他再有成就也是孤独的，因为无人分享。

由此可见，若想获得长久的快乐，我们需要培养社交技巧，建立亲密的人际关系。

孙昱鹏举了个例子：在相亲节目《非诚勿扰》中有一个女孩说过，"我宁可坐在宝马车后座哭泣也不愿意坐在单车上欢笑"。难道，金钱真的能给我们带来快乐吗？如今社会中有很多年轻貌美的女孩大学刚毕业就被人包养，和一个年龄比自己大几十岁的人结婚。为了钱而出卖自己的感情和身体，在无数个被惊醒的夜晚，她们会不会感到孤独？看着家里各种名包,她们真的快乐吗？

电影《北京遇上西雅图》中，汤唯扮演的女主角就是如此。男朋友有了工作没日没夜地操劳，就连她生孩子的时候也不在身边陪伴着。"我开心他给我买个包，不开心也给我买个包，情人节一个包，圣诞节一个包，我给他生孩子也是一个包，我就是个包。"这是汤唯在电影里面说的话，由此可见，这样的金钱生活她并不开心。

塞利格曼老师说道："其实，就算我们不能花十几万给女朋友买名牌包、香水，只是手拉手和自己的心上人一起逛公园遛弯也能收获不菲的快乐。不管面临着金钱还是房子的困难，都可以携手并肩一起面对。或者，和家人朋友坐在一起聊聊天，甚至拌嘴吵架都会比一个人孤单地过活要快乐得多。不光朋友家人能给我们带来快乐，单纯地做自己喜欢的事也能收获莫大的快乐。"

张栋兴也说："有一则这样的寓言故事。曾经有一群年轻人四处寻找快乐，却毫无头绪，只好去请教苏格拉底老师'快乐来自哪里'，苏格拉底说，'你们先帮我造条船吧'。为了得到答案，这群年轻人不得不暂时把寻找快乐的事放到一边，开始造船。经过两个多月的努力，他们终于造出一条小船，他们把小船推下水，请苏格拉底上船，一边合力荡桨，一边放声高歌。这时，苏格拉底问他们'你们快乐吗？'他们齐声回答'快乐极了'。"

塞利格曼老师说道："是呀，享受、意义和参与，无论是这里面的哪一种方式，都可以给我们带来快乐的感觉。其实快乐，也可以说成两个东西，一个是需求；另一个是认可，我说的享受，也可以理解为在满足需求的同时去获得认可。在饿的时候吃饱了就开心，如果仅仅是这样，那人们为什么还要追求吃好吃贵，其实无非就是为了一种认可，让大家觉得你吃得好，或者自己认可自己吃得好，这就变成了享受。"（见图11-2）

图 11-2　快乐的深层次来源

"而有意义的事，无非就是在广大朋友圈子的三观对自己影响下自己觉得自己完成后可以获得他人认可的事，自己相信他人会认可你，于是你就自己认可了自己。很多人都强调成功与否其实在自己，自己认可自己成功，你就会享受到成功的喜悦，而有时即便大多数人都觉得你成功了，但你的圈子里却有大把人做得比你好，你也会觉得没有体会到那份喜悦。"

夏楠说："郭德纲说过，人往下看，你会活得很快乐。参与的快乐，同样很大一部分来自认同感，一起为某个目标而努力，互相鼓励，最终成功完成后对每一个参与者做出的贡献，自己首先给予其他人认可，并在潜意识里反推认为别人同样给予自己在团队里价值的认可，不论其他人是否真的都这样想，这都会让人快乐。但即便知道了快乐是什么，快乐依旧很难追逐，你若以快乐为目的刻意去追求反而会被其他的因素所困扰。"

塞利格曼老师说道："是啊，快乐从不独自而来，常常结伴而行，就像我们身后的影子一样，只要你朝着有光的地方走，快乐就会紧紧地跟在我们的后面，寸步不离。"

第二节　八个创造快乐的招数

塞利格曼老师说道："你是否还在为身边的琐事闷闷不乐？可曾一心想要追逐快乐却屡受打击？或者特别羡慕身边那些整天有说有笑，好像从未被烦恼缠身的朋友？你快乐吗？想知道如何抓住快乐的小尾巴吗？"

孙昱鹏悄悄说："积极心理学的创始人塞利格曼老师的快乐小课堂开课了！八步，轻松收获快乐，从此笑口常开，无忧无虑，长命百岁！"

夏楠被孙昱鹏逗笑了。

塞利格曼老师接着说："好吧，我的快乐招数是否真的能让人长命百岁我们无从了解，不过有一句俗语叫做笑一笑，十年少。由此可见，保持快乐对人的身心健康还是有一定益处的。

我们都知道快乐是一个十分抽象的概念，它总是作为某种行为的赠品来到我们身边，挂着非卖品的标签，却是我们最想要的东西，就像小时候泡泡糖里的贴画，干脆面里的《水浒》人物卡，虽然往往不一定是我们想要的。快乐是一种无法苛求的存在，我们常说有心栽花花不开，无心插柳柳成荫，虽然如此，但是快乐的创造的的确确是有法可循的。"（见图 11-3）

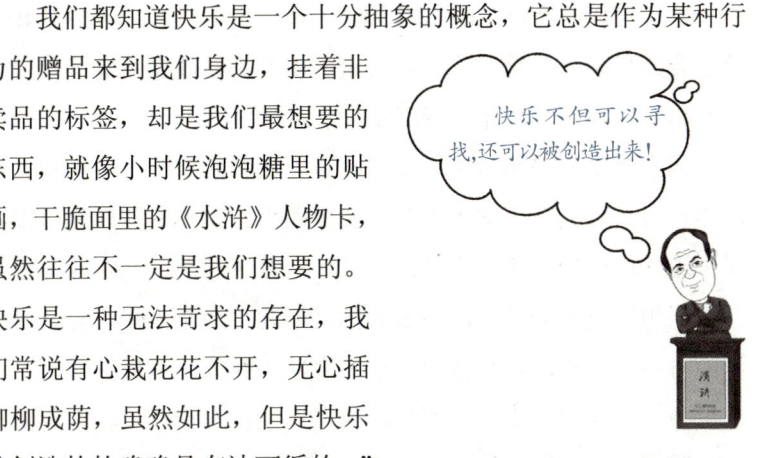

图 11-3　快乐是可以被创造出来的

塞利格曼老师给学生们介绍了快乐创造法：

第一招——心存感激。

在一家酒吧里面，一个男的独自喝着闷酒，脸上写满了不悦。这时，一个老人走了过来，询问他为什么不开心。男人说，"我失业了，现在交不起房租，女朋友也骂我没用，吵着闹着要和我分手。我觉得我被上帝抛弃了。"他叹了一口气，"如果能从天而降一千万该多好啊！"

老人说"我老了，眼睛花了，可是我还想再看看这个世界。小伙子，我出两百万买你的眼睛你愿意吗？"男人连忙说"不行不行，如果我把眼睛给了你，我怎么看书，怎么看风景，怎么看我心爱的女人和未来的孩子？"

老人又说，"那我出四百万买你强壮的双手可以吗？"

"那怎么行，我最喜欢打篮球，如果没有双手，我连篮球都不能碰了，你还不如杀了我呢。"男人说道。

老人又问"那我花四百万买你的两条腿可以吗？"男人大怒，"当然不可以，我还想带着我的妻子环游世界，还想以后陪我的孩子奔跑玩耍。我警告你，我身上的所有都是我父母给予我最好的礼物，你不要妄想用金钱买走他们。"

老人笑了，"小伙子，我出两百万买你的双眼，你不卖；我出四百万买你的双手你也不卖；我出四百万买你的双腿你依旧不卖。这些东西加起来，你已经有了一千万啊。"

回想一下我们身边，很多人都是如此，经常抱怨，对这个不满，对那个也不满，总认为身边的事情不够好，就算领导发奖金了也会报怨发得太少。上班烦，回家也烦，无论谁干什么总能挑出点刺来，一天到晚愁眉不展。他们不快乐是因为他们没有一颗感恩的心。我们没有残疾，不是孤儿，又有什么理由去抱怨这个世界呢？

感谢春天，让我们看到花的娇艳；感谢夏天，让我们感受烈日阳光的热情；感谢秋天，让我们懂得落叶的奉献；感谢冬天，让我们体会冰雪的洁净。

第二招——时时行善。

这里说的行善不是让你忍痛割爱，给希望小学捐个几百万，而是指生活上的一些小事。比如排队时，可以让赶时间的人排在你前面，坐公交车主动让个座。赠人玫瑰，手有余香。这样的行为会让你心情舒畅，还能赢得别人的笑脸、赞许甚至仁慈的回馈。这些事情都会让人感觉到快乐。

第三招——品尝乐趣。

生活中美好的事物有很多，只是我们常常忙于奔走而忘记留意身边的风景。电影《画皮》里面的狐妖法力高强，容颜不老，但却一心想要成人。原因很简单,她感受不到阳光,闻不到花香,没有幸福与疼痛的感觉。在狐妖变成人后,她说的第一句话就是"栀子花好香"。其实我们也该如此,停下脚步去感受春风的轻拂,看旭日东升,惊涛拍岸,冰雪消融。美丽的景色可以驱除心中的不愉快,让我们的心情也变得美丽。有的心理学家还建议,可以把这些快乐的时光如相片一样存在我们的脑海中,在不开心的时候回忆。

第四招——满怀感激。

如果有人在你的迷途上为你点亮一盏灯,你一定要向他致谢。这样的恩惠你要是都能觉得理所当然,那还有什么事情可以打动你呢?你越是感激身边那些帮助你的人,你越会觉得自己是上天的宠儿,自然而然,你的心情也会改变很多。同样一件事,别人帮助了你,你可能觉得这是理所应当的事情,一点也不放在心上;相反,你也可能会想,这又不是他的本分,他帮助我,是我的幸运,这样一来,你这一天都是阳光明媚的。

第五招——学习宽恕。

对那些曾经伤害过你的人,约他们出来喝杯茶、打打球以表示宽恕。地铁上有人不小心撞了你一下或者踩了你的鞋,不要发怒,留下一个漂亮的微笑给他们。这样的举动不是没心没肺,而是帮自己清扫心灵。心的位置是有限的,假如你不能放下怨恨与不满,那么你的心中满满都是这些令人不悦的事情,一旦你宽恕了他们,你的心中会有更大的位置留给那些你爱的和爱你的人们,以及那些美好的小细节。宽恕别人,就等于帮自己减压。

第六招——爱家爱友。

其实人们对生活的满意度和金钱、地位、健康之间的关系并不是很大,更多的是受你的人际关系的影响的。就算你身无分文,你依旧可以拥有一群愿意把辛苦找来的面包分你一半的贴心好哥们,哪怕你没有地位,你还有着一群和你说笑打闹的合作伙伴,如果你大限将至,身边坐着爱你的父母,疼你的妻儿,你此生又有什么遗憾呢?所以,多花点时间去陪陪家人、朋友,你不需要给他们带多贵重的礼物,几十块钱的水果点心就足以表达你的心意了。

第七招——运动锻炼。

工作之余,不妨到健身房锻炼一下身体,体会一下大汗淋漓的感觉。上学的时候,每年都会有运动会的比赛,你拖着沉重的步子,拼命冲到八百米终点线的那一刻,你的心里只有一个字——爽!无论是打球、跑步还是其他的什么运动,我们看重的并不是输赢,更多的是享受这个过程。生物研究表明,在人身体运动时,由于激素的分泌加快,人很容易感到兴奋、快乐。与其窝在家里等着身上发霉,还不如出门跑一跑,跳一跳。

第八招——逆境自持。

人生难免不顺,我们可以为解决问题的办法而困扰,但千万不能被困难击倒。美国著名大学西点军校的校规极其严格,很多人由于受不了学校的制度在第一年就转学了,西点大学被誉为全美毕业率最低的大学。但是,里面出来的人如野草一般,坚忍不拔,春风吹又生。有人好奇这样的优良品质是如何培养出来的,答案是一句话"合理的要求是训练,不合理的要求是磨炼"。就凭借着这一句话,西点军校的学生从未抱怨、苦恼,无论前方等待他们的是怎样凶残的野兽,他们都毫无畏惧。如果我们每个人都拥有这样的品质,那我们都可以笑对困难,逆流而上。

塞利格曼老师说道:"这就是我的快乐八步法,与君共勉。"(见图11-4)

夏楠想到了《圣经》里面的一句话"喜乐的心乃是良药,忧伤的灵使骨枯干。"美国卡耐基梅隆大学的心理教授谢尔登博士调查过,忧郁的心情和长期的压力会使身体里的免疫细胞敏感度下降,从而增加患感冒的概率。

图 11-4 快乐八招

（快乐八招：心存感激、时时行善、品尝乐趣、感戴良师、学习宽恕、爱家爱友、运动健身、逆境自持）

塞利格曼老师说道:"压力会使油脂分泌增加,毛孔堵塞,导致青春痘的产生。同时,糟糕的心情还会使女性患乳腺癌的概率翻倍,但是放松不仅可以延迟疾病的恶化,而且能加快康复的进程。由此可见,保持一颗欢乐的心的确是对身体有好处的,所以有事没事多笑笑。"

第三节　婚姻从来都不是坟墓

塞利格曼老师说:"很多人都以为婚姻是爱情的坟墓,可我从来都不这么认为。婚姻是世界上能让人感觉最幸福最开心的事情。我举过一个这样的例子,假设你是一个银行家,某位有着良好的信誉、绝佳的抵押品和光明前途的企业家找你贷款,不用想,你一定会毫不犹豫地借给他。相反,如果申请贷款的是一个年事已高,前途暗淡并且曾因无力偿还贷款而被银行没收抵押品的低薪阶层,你肯定会拒绝。"

夏楠点点头，这种行为倒是可以理解。但话说回来，谁没有落魄无助的时候。我们之所以可以度过一个个人生的低谷，就是因为有那些不计较得失，不在乎我们的身价、地位、容貌，一直爱我们的人在身边陪伴着我们。是爱在一边嘲笑着那些自私的理论。世界上没有什么比那句"从今天开始，不论好坏、贫富、生病与健康，我都会爱你，珍惜你，直到死亡把我们分开"更动听、更美好。

塞利格曼老师说："除了婚姻中爱的伟大之外，快乐都来自于我们自身的行为和心理状况，而婚姻是唯一一个能让我们感到快乐、幸福的外界因素。"（见图11-5）

孙昱鹏说："没错，当被问起上一件伤心事是什么，几乎每个人的答案都是失恋。由此可见，感情的好坏对我们情绪有着相当大的影响。"

图11-5　婚姻会给人极大的满足

张栋兴说："我看过这样一条新闻，在17个接受调查的民族和国家中，40%的已婚人士感到非常幸福、快乐，而只有23%的未婚人士会有这样的感受。此外，相比于那些未婚人士，已婚的人更容易忍受贫穷、战争和经济大萧条这些不幸的打击。就连抑郁症的患病率在已婚者中也相当的低。上述的所有情况都表明，婚姻带来的幸福感远远超过工作、物质和社交。"

"那么，为什么婚姻可以给我们带来这么大的满足呢？"塞利格曼老师分析，"爱分为三种。第一种是那些可以给我们鼓励、支持、帮助，为我们在成长道路上点起一盏明灯的爱，像学生对老师，子女对父母，朋友之间的羁绊就是如此。第二种爱指我们会爱那些依赖我们的人，比如，父母对子女的爱，老师对学生的关爱，等等。而第三种爱是浪漫的爱，我们会放大对方身上的优点，忽略缺点和不足。婚姻让我们同时收获了这三种不同的爱。这也就是为什么在世界这个大熔炉中，无论是什么的民族、文明都有着结婚的习俗。"

不同于很多社会学家认为婚姻是社会发展的产物，塞利格曼老师相信婚姻是人类进化的结果。伴娘伴郎，仪式或者蜜月可能是由社会构建的，但婚姻的意义则深远得多。繁衍后代是所有物种进化中的一个关键因素，人类不像昆虫之类的生物，刚出生就能生活自理。小婴儿需要依赖父母的照顾、保护和教育才能长大。所以只有那些倾向于做出长期承诺和保证的人才能把自己的基因遗传下来。因此，婚姻是人类进化的产物，而不是文化发展的结果。

夏楠想到，近几年有关婚姻爱情的电影层出不穷，这一点间接地反映出了大众对于完美婚姻的渴求。有关婚姻爱情的书籍大多数都在讲述如何缝补自己破烂不堪的感情，得过且过，或者如何察觉自己的爱人是否出轨，是否忠诚，出轨之后如何处理之类的话题。而在塞利格曼老师的书中，则讲述了如何把一段稳定的感情经营得更好。

塞利格曼老师说："两个人之所以相爱，是因为他们看到了彼此的优点，并且被这些优点深深地吸引。不过，爱是有保质期的，不管热恋时是怎样的火热，它终会有冷淡的一天。随着时间的流逝，那些最初把我们迷得无可救药的优点变成了习惯，在彼此的眼里变得理所当然。甚至，在一些感情中，原来倾慕的人格品质也变成了蔑视的目标。"

成熟稳重变成了不解风情，刚毅正直变成了顽固不化，多愁伤感则成了矫柔造作。

对此，我们不妨花一点时间，列出一个单子，把对方的优点写出来，越多越好，同时也想一想自己的缺点。写完之后，你会意识到，原来自己选择了一个这么出色的人来相依携手，共度余生。

除此之外，可以试着在生活中展露出优点，再一次捕获对方的心，让 TA 看到你的闪光点。上班前给对方一个拥抱或者一个甜蜜的吻，周末时一起手拉手出去遛弯，看看风景，这些小细节都会让对方感到幸福和满足，在长期的婚姻生活中可以产生粘合剂的作用。

塞利格曼老师继续说道："提供给我们的第二个建议，就是保持一颗乐观的心。万事都有两面性，如果你一直顶着不好的那一面，你的婚姻生活一定充满烦恼，但如果你关注的是积极的那一面，你会感觉到自己的整个心都在笑。"

有一位丈夫每天晚上都加班到很晚，就连周末也很少陪家人，他的妻子却觉得，丈夫加班是为了让家人的生活质量更上一层楼，从而格外关心照顾她的丈夫，每天都做好饭等他回家。相反，如果一段婚姻中的双方都十分悲观，任何一个小细节都有可能让两个人的关系江河日下，一败涂地。还是刚才的那对夫妇，如果妻子不但不理解她的丈夫还埋怨他把工作看得比自己重，每天出去和朋友诉苦，男人回家也见不到她的身影，男人的心里定会不好受，觉得女人不爱自己。这样一来，很容易就会婚姻破裂。

塞利格曼老师继续说道："另外，婚姻中的双方还要学会倾听。其实，每个人和陌生人或者不熟悉的人交谈时都会听得非常认真。可是，在婚姻中，因为夫妻之间已经相当熟悉了，那些礼节也自然会省掉不少，交流中很容易忽略对方的感受，不等对方说完，便一股气地把自己的想法说出来。如此一来，往往引发激烈的争吵，双方的感情都会受到伤害。

正确的做法是，先听对方说完，再发表自己的看法。而且，当你的爱人找你谈话时，你心里在想着别的事或者情绪不稳定，一定要告诉对方"对不起,我有点烦,可不可以一个小时后再谈？"否则，不好的情绪会让你在交流中变得暴躁，无论对方说什么你也只会觉得他的想法很愚蠢。如果连最基本的倾听都做不到，又如何交流，如何白头偕老？

"希望我的意见能对那些已婚人士有所帮助。现在，离婚率越来越高，导致很多人惧怕婚姻，甚至把婚姻比喻成爱情的坟墓，但有一句话说得很对，就算婚姻是爱情的坟墓，那也比死无葬身之地要好。"（见图11-6）

图 11-6　爱情并不是坟墓

第十二章
冯特讲"恐惧"

　　本章通过3小节,详细介绍了心理学中的内省法,介绍了宗教的情感来源。冯特提出了宗教的情感来源是恐惧。这种说法也得到广大心理学家的赞同。作者通过大量佐证及配图,帮助读者理解冯特的心理学观点,同时提高读者的心理学能力。本章适用于心理学能力较强,渴望了解恐惧的读者。

威廉·冯特（Wilhelm Wundt）德国生理学家、心理学家、哲学家,被公认为实验心理学之父。

　　1879年,冯特在莱比锡大学创立世界上第一个专门研究心理学的实验室,被认为是心理学成为一门独立学科的标志。不仅如此,冯特还是一位著名的教育家,在其后的数十年里,世界各国心理学界都能看到继承冯特衣钵的心理学家们活跃的身影。

第一节　内省实验法

孙昱鹏对夏楠吐槽:"我想约个小姑娘看电影,小姑娘非要看恐怖片,结果把我吓够呛。"

张栋兴:"那你可以去听听冯特老师的课,正好今天有讲。"

夏楠知道,冯特老师是生活在1800后半叶到1900上半叶之间的那个时代,100多年的时光导致他的很多心理学理论都被人遗忘,而沉淀下来的是他为后人提供的方法和基础,比如艾宾浩斯的心理学研究很大程度上都受到了冯特的影响。不得不承认,冯特老师是心理学发展中一个至关重要的转折点。

在冯特老师出现之前,心理学一直都像是一个找不到家的孩子,一会跑去敲一敲生物学的门,一会又跑到哲学那里去溜达一圈,甚至就连很多心理学实验都是在生物实验室完成的。冯特老师觉得心理学不应该只是片面地研究人们的生理反应或者是思想内容,而应当是将两者有机地结合起来。

因此他在之前心理学的基础上将内省实验法引入了心理学,主张研究人的直接经验。举个例子,当一个人感到愤怒的时候,生物学会分析这个人愤怒时身体各种指标的反应,哲学则会偏向于关注感觉和知觉,冯特老师却认为应当分析愤怒这种情绪产生的心理活动,也就是感觉到了什么,知觉到了什么。可是心理活动是内在的,肉眼无法观测到的,于是冯特老师创立了内省实验法。(见图12-1)

冯特老师介绍道:"所谓内省实验法,就是'自我观察',说得简单一点,就是让一个人一天什么也不干就只分析自己今天想了些什么。不过只有那些经过严格训练的人,才能充当被试者。被试者需要描述出由刺激引起的意识形态而并非刺激本身是什么样的。而这种意识形态包括强度、延伸性、持续性和清晰性。通过反复试验,让被试者对于自己意识形态的描述越来越清晰和准确。然后才能得出结论。"

> 在愤怒平息之后,你要试着去自我反省,这不是人生的哲学,而是心理学!

图 12-1　反省自我

为此,冯特老师还为内省实验法制定了四条基本规则,即要让被试人知道自我观察具体的开始时间,以便让他做好充分的心理准备,在自我观察实验开始之后,被试者必须集中注意力在自己内部的心理活动上面,避免各种无关刺激的影响。而且,还需要严格控制实验条件,经常变换刺激条件,让被试者可以把刺激和自己的心理过程分离开。

内省实验法的另外一个任务就是找出"心理元素"。

冯特老师说:"一切心理现象都是由心理元素构成的,就像复杂的原子核是由电子构成的一样。在他看来,我们感受的那些复杂的心理都是由许多个单一的心理元素结合而成的。

"经过研究,我发现,最基本的心理元素有两个,感觉和情感,一个是客观的,像脉搏、心跳等生理数据,一个是主观的,是指我们主观上有的情感,比如,开心、失落、沮丧,等等。不久之后,我又提出了情感三维说,即人的每一种情感是由愉快—

不愉快，紧张—松弛和激动—平静这三个独立的维度组成的。可惜的是这种理论后来因为数据不足而无法得到肯定，但是我的情感三维说却为日后情绪心理学打下了基础。"

夏楠点点头，冯特老师利用内省实验法分别进行了四方面的研究工作，即有关视觉和听觉的研究，反应时的研究，心理物理学实验的研究以及联想实验。

不得不承认，这些理论对心理学研究方法的发展具有很大的贡献意义，其中冯特老师通过内省实验法收集的实验材料对于心理学日后的发展也有积极的推动作用。同时，他也将心理学成功地从哲学和生理学中分离了出来。

尽管如此，后人发现内省法是有局限性的。这种局限性主要体现在处理看待主观和客观的关系上。在冯特老师的实验法中，客观的外界条件不过被看作是引起被测者主观心理的一种刺激罢了，并忽略了这种刺激对个体的意义以及影响。这样的做法明显是不足的。像有的人对于某种事物会有特殊的执念，可能他会因为小时候溺水的经历而导致他对水会产生过激反应，但是有的人对"水"的反应就不会那么激烈，也许还会出现喜爱之类的情感。这些因素会扰乱最终的判断结果。（见图12-2）

图12-2　过激反应

冯特老师说道："内省实验法，要求被试人自己对自己的心理活动进行阐述。可是无法排除有些被试者对自己真实的情况有所隐瞒。"

这种企图用主观印象去说明主观印象，以自身心理来说明心理的做法就好比用"我今天很开心"去解释"我今天为什么开心"一样。

冯特老师说道:"尽管后来我的内省实验法有被改进,但一部分缺陷仍在。例如,被试者的直接经验经常被歪曲,甚至有的被试者由于自身知识的局限性而不能察觉自己的直接经验,或者不能准确表达自己当时的体验,产生错误的判断,就连被试者当时的心情好坏都会影响判断的结果。"

这些情况在内省实验法中经常遇到,因此有人建议,在内省实验中,要尽量避免被试者的主观猜测,积极引导被试者进行客观的报告,在实验前让被试者了解实验目的,明确实验步骤。与此同时,研究者还应当保证实验对被试者的人格无伤害。

夏楠表示赞同。虽然,冯特老师的内省实验法有着很多的缺陷和不足,但是我们必须认可他对心理学发展的巨大贡献。是他,让心理学彻底成为一门独立的学科,还培养出了一大批优秀的心理学家,为心理学在世界上的发展奠定了基础。

除此之外,冯特老师在民族心理学方面的研究是心理学与文化管理的第一次系统性的研究。他不仅开创了一个新的心理学领域,而且为心理学的发展提供了一种全新的方法。冯特老师的功劳是我们不能忽略的,因此他才能被后人评价为"实验心理学之父"。

第二节　不同的思维模式

冯特老师看气氛有些低沉,于是讲了个笑话:"为什么一只蜗牛穿着一件红色的大衣?因为他弄丢了他蓝色的那件。"

大家都没有笑,觉得很冷。

冯特老师继续说："我知道很多人听到这个笑话后的第一反应一定是,这也叫笑话?哪里好笑了?不过,这的的确确是一个笑话,而且是一个非常好笑的笑话。我们觉得不好笑是因为这是一个美式笑话。由于中美两国地域不同,导致两地居民之间的笑点也不一样。不光是笑点,生活方式、逻辑思维等都有着巨大的差异。其实,就连生长在同一个国家不同地区的人之间也会存在这种差异。这个现象在冯特老师的民族心理学说中得到了很好的解释。"(见图 12-3)

图 12-3 文化差异

"在解释上面那个现象之前,我们先来了解一下民族心理学这个概念是如何产生的。"冯特老师说道,"在我那个年代,很多心理学家喜欢研究个体,并且习惯从个体身上总结人类的思维方式。我发现,有些人的思维方式很相近,但有些人的思维方式却差距非常大。经过思考和研究,我意识到人的思维方式在一定程度上受到语言、习惯等因素的制约。于是,我便以语言、习惯和神话为基础去调查不同地域、不同种族之间的思维模式。从而也就开辟了民族心理学,这门学科包含了从个别到总体,从普通个体到超越个体的思维模式的总结研究。"

在冯特老师的民族心理学中,有以下几个思想是需要学生们留意的。

首先,就是民族为什么会产生。

在大自然中,有很多的动物,像蚂蚁、蜜蜂都有群居,过共同生活的习惯。但是动物学家认为,动物的这种团体生活不过是为了满足物质需求而已,并没有彼此心理上的交换。然而,人类就大不一样了。

人类选择群居生活大多数并不是为了得到物质上的满足，而是为了一种心灵上的寄托。比如，婚姻，动物之间的结合是为了繁衍后代，很少有感情因素的出现，人类的结合则是为了找一个能携手共度余生的人生伴侣。

冯特老师说："个人与团体之间的相互作用十分密切，个人会受到团体的影响而进步，同时，团体也会因个人影响而变化进步。"

正是由于这种密切的关系，导致一个团体中的个体的意识不是孤立的，而是有统一的趋势，并且会朝着某一个方向发展。冯特老师把这种意识叫做集体意识。

集体意识是由一个团体中无数个个人意识结合而成的一个整体，同时，这种意识也存在于个体之中。

一个团体中的语言、风俗都是集体意识的产物。就以语言为例，最初的语言可能只是某个原始人指着一件物品随便喊出的一个奇怪的声音，然后他身边其他的原始人看见了之后，也都学着发出那个声音，久而久之，这个奇怪的声音便成了我们今日交流中的某一个单词。

我们可以看出，语言最开始是从个人意识中产生的，只有一个人知道那个东西叫什么，后来通过传播变成了集体意识中的产物，所有人都知道那个东西叫什么。

不同的地域之间会有着不同的发展，从而导致两个民族之间的集体意识不相同，集体意识的区别又会导致两地之间居民的思维模式不同。

冯特老师说道："记得几年前张艺谋导演拍摄了一部名叫《金陵十三钗》的电影。里面讲述的是在南京大屠杀的时候，十二个妓女的生命换了十二个小女孩的生命。这部电影赚足了中国观众的眼泪，可是海外朋友好像不是那么感兴趣，给予的评价也一般般。他们觉得完全不明白这部电影的意义，同样都是人命，为什么要换呢？这就是因为集体意识不同而致使两地的思维模式不同。"

夏楠记得女娲补天的故事。为了保护手无缚鸡之力的人，女娲最后用自己的身体堵住了天。由此可见，中国这个民族从神话时期就已经在人们心中种下了一种保护弱小的想法。即使是在灾难的时候，我们也主张先照顾老弱病残，所以，我们的集体潜意识里就有着保护弱小的观念。

而许多西方国家的观点并不是如此。以美国为例，美国是一个主张公平的国家。无论是黑人与白人之间，男人与女人之间，都在强调自主和平等。

所以，如果《金陵十三钗》片中出现的是十二个美国女人，可能她们会为这些柔弱的小女孩感到难过，伤心，愤恨，但她们却不会像国人那样要求替她们去日军那里受死，因为这些观念并不存在于她们的集体意识里面。

除此之外，在中国，一群人一起闯红灯是非常常见的，但是在国外，这种行为却会遭到他人的唾弃。西方人喜欢当面把礼物拆开，而中国人却会含蓄地先收起来，等所有的客人走后再看。像这样的习俗区别有很多，这些都是集体意识中的一部分。（见图12-4）

在个人意志没有那么强大的时候，你的行为会受集体意识的严重影响。

图12-4 集体意识

由此可见，集体意识不同的确会导致思维模式的不同。这也就解释了为什么最开始出现的那个美式笑话，我们会觉得一点都不好笑。不光国与国之间会产生不同的集体意识，就是同一个国家两个不同地区都会有不同的集体意识。比如，东北人豪爽，南方人细腻。

冯特老师说道："现如今，科技变得发达，各个地区之间的来往相比以前要密切很多。在国外可以看到许多中国华侨，同样，在中国坐地铁、挤公交时都能看到一两张金发碧眼的面孔。随着文化的交融，外国那些我们不曾接触过的理念也逐渐地植入我们的思想中。尽管，许多地区的集体意识与我们的集体意识有很大的差别，但是相信会有那么一天，由于国与国之间频繁的交流，会把集体意识之间的那些差异抹去。我们可以变得相互理解，相互认同和尊重。"

第三节　宗教来自恐惧

冯特老师说道："由于世界文化的交融，当今社会许多的国人开始接纳外来的宗教，基督教就是一个很好的例子。宗教的种类很多，自古就有很多中国人信奉道教，梦想修仙，还有不少人信奉印度的佛教和中东的伊斯兰教。"

张栋兴说："是呀，宗教是人类文明发展中一种普遍的文化现象。无论是哪一种宗教，其教徒都相信在世界之外存在着某种具有绝对权威的神秘力量来主宰自然进化和人世命运。基督教徒将自己称为上帝的使徒，伊斯兰的人将安拉视为真主，佛教则信奉佛祖。但宗教跟恐惧有什么关系呢？"

冯特老师说道："撇开人的情绪，观念和行为，将宗教看作是人心理活动的产物去探索宗教的本质。若想要真正地去探索宗教的起源，我们需要追溯到原始社会。"

冯特老师给大家设立了这样一个场景：数千年前，原始人的生活状况是与世隔绝的，并且他们的心理发展尚未完善，依旧处于极为低下的水平。这些因素导致他们的思维大多数属于联想型，根本没有逻辑关系，唯有那些能激起他们强烈的情绪反应的事情才能引起他们的注意，从而走入他们的思维中去。

比如，身边的伙伴被老虎吃了，一道雷从天而降劈死了一只狼。正是由于死亡和疾病引发的强烈恐惧情绪才会让原始人产生宗教观念。

原始时代的宗教思想和现在的宗教是有一定差异的。在原始阶段，宗教思想主要涉及一些巫术和魔鬼的观念，因为这些东西往往与人类自身的死亡有关。（见图12-5）

图12-5 恐惧导致信仰

而对于家庭美满、婚姻幸福和事业有成这类的事物，那些只研究如何吃饱饭的原始人是根本不会放在心上的。

而且对于一些不寻常的自然现象，像暴风、日食、海啸，等等，原始人也会产生恐惧心理。面对这种可怕的力量，原始人的心中产生了很深的敬畏感和恐惧感。

以此为立足点，冯特将宗教发展的过程分为四个阶段：魔鬼和巫术崇拜时期，图腾崇拜时期，诸神崇拜时期和世界宗教时期。

一个原始人和他的伙伴出去打猎，两人在森林中走着走着，突然自己的好伙伴一命呜呼，这个原始人的第一反应一定是弃尸而逃。之所以有这样的行为，是因为他们对死亡的认知还并不完全。

在他们的世界观中，生命就像灵魂一样以某种神秘的方式存在于人的身体中，当看到自己的好伙伴躺在地上一动不动，他们会以为这个人的生命还在尸体附近徘徊，而地上的尸体由于失去了灵魂会变成魔鬼。他们惧怕这些魔鬼威胁到自己的生命，所以会快速离开。

不光如此，这个原始人还会认为他的小伙伴的生命没有了肉体去依附，一定会跑到自己的身上来跟自己抢夺肉体。就是这些恐惧促使他们的脑海中产生了巫术的概念，并且开始信奉，这就是最初的魔鬼和巫术崇拜时期。

后来，人口的增长导致部落的划分和组成。部落之间为了争夺资源而频繁发生的战争使人们面对死亡时不会再像之前那样恐惧。这一思想的进步使他们对于巫术有了更新的理解。死亡后，人的生命会脱离原来的身体去寻找新的载体。

最初蛇、蜥蜴、鸟之类行动敏捷的动物都被部落人视为生命灵魂的寄居之地，随着时间的推移，其他的一些与人类活动密切相关的动物，甚至植物渐渐也成了生命的载体，变成了部落信奉的图腾。

当然，还有一种图腾崇拜是建立在一些祖先留下的"魔物"之上的。举个例子，一个生活在魔鬼与巫术崇拜时期的原始人走着走着，被一个木质的回旋镖绊了一跤（先不讨论为什么古代会有回旋镖）。他从地上爬起来，一怒之下把回旋镖扔了出去，没想到，回旋镖飞了回来，戳瞎了他的右眼。

对于一个文化水平还不如幼儿园大班的原始人来说，回旋镖这种东西是闻所未闻的。他对于这个反自然的东西感到恐惧，便把它带了回家珍藏了起来，世代相传。百年之后，这个原始人的子孙一看到回旋镖就会产生恐惧和敬畏，从而把它当成了一种图腾信奉了起来。

图腾崇拜时代，每个部落都会有自己的崇拜仪式。仪式分为两类，一类是和人生重大事件有关，比如，婴儿的出生和部落成员的死亡。另一类与自然现象相关，例如，春天播种的时候会祈求丰收。不论是哪一类崇拜仪式都是建立在希望和恐惧这两种情绪之上的。

诸神崇拜时期的开端和我们平时所了解的历史开端是一致的。由于人类的进化，先前的生命灵魂观、图腾崇拜都有了巨大的改变。魔鬼与巫术崇拜以及图腾崇拜里面都有着魔鬼的形象存在，而在诸神崇拜时期，原来的魔鬼已经获得了人的特称，成为了有着良好品质的神。

部落之间的长期战争中，一些英雄人物接二连三地出现。人们对于这些英雄人物无疑是敬仰的。而神就是英雄和魔鬼的结合。于是之前的生命灵魂也有了三个截然不同的归宿：地狱，炼狱和天堂，甚至还有着类似于部落里面的官僚制度。

冯特老师说："这个时期的崇拜才是真正意义上的宗教，之前的崇拜都是巫术，是发育不完全的宗教。宗教和巫术的区别在于宗教的崇拜对象是有人格有逻辑的神，对于神的感情是'敬'，而巫术则是不具人格的魔鬼，感情更倾向于'畏'。除此之外，人们信奉宗教的目的是为了追求美好的生活，崇拜巫术却是为了避免死亡。时至今日，巫术并没有消失，在一些落后的乡村依旧存在着巫婆之类的人，他们施法帮活着的人与死人取得联系或者降妖除魔。不过，这些巫术的真假也就不言而喻了。"（见图12-6）

夏楠点点头,诸神崇拜时期最终被世界宗教时期所取代。在这个时代里面,人类的生活变得更加丰富,形成了经济、艺术和科学的概念,宗教的分支也越来越多。

此时,疾病和死亡已经退出了宗教舞台,不再令人惧怕,甚至在有的宗教信仰里面,人们认为自己生活的世界是充满罪恶的,

> 你的信仰不是因为虔诚,而是因为恐惧!

图 12-6　虔诚来自于极度的恐惧

唯有行善积德才能在来世或者天堂里面得到满足。于是,人类对于死亡的感情变成了平静乃至期盼,开始崇拜死后的世界。

冯特老师说:"我的宗教观很长,但是每一点都是有着充分的理论分析。如此来看,我们现在信仰的宗教的确是起源于最原始的恐惧心理。是否人死后会去另一个世界我们无从知晓,不过行善积德、心胸宽广这些好的品质对我们今世的生活也是有利的。"

第十三章
罗杰斯讲"变态"

　　本章通过3小节,详细介绍了如何正确给人建议,如何学会倾听等生活中常碰到的心理学问题。文字通俗易懂、幽默风趣,适用于逻辑思维能力较弱,且渴望避免上当受骗的读者。

卡尔·罗杰斯（Carl Rogers）

　　美国心理学家,人本主义心理学主要代表人物之一。

　　罗杰斯早年从事历史学研究,后从事神学研究,最终转为从事心理学研究和咨询工作。

　　罗杰斯对于心理学的主要功绩在于,他主张"以当事人为中心"的心理治疗方法,首创非指导性治疗（案主中心治疗）,强调人具备自我调整以恢复心理健康的能力,他也因此获得美国心理学会卓越专业贡献奖。

第一节　人往高处走

一大早，张栋兴就跟孙昱鹏吵吵起来了。

张栋兴说："今天罗杰斯老师要讲变态，很适合你！"

孙昱鹏一翻白眼："一看你就不是理科生，我们还是听听罗杰斯老师怎么讲吧！"

罗杰斯老师笑眯眯地说："众所周知，水往低处流是一个极其常见的自然现象，与之相对应的人往高处走也是一个普遍现象，而且这个现象不是强制性的，是与生俱来，无须培养的。"

在罗杰斯老师的人格理论中，他把这种现象称为"实现的倾向"。

早在婴儿时期，小孩子的行为就展现出了这种倾向。我们最初学走路的时候，不论跌倒多少次，摔得多疼多惨，也会自己爬起来，然后继续向前走。就是这种永不止步的本能让我们进步，成长，把未来打造得越来越好。

罗杰斯老师说道："这样说是不是听起来有点耳熟？是不是脑子里突然冒出了马斯洛老师伟大的身影，还记起来他研究的自我实现理论？"

夏楠点点头。不错，马斯洛老师和罗杰斯老师同为人本主义的代表人物，他们的研究自然会有相似之处。不过，俗话说，有一千个读者就有一千个哈姆雷特，让我们来看看罗杰斯老师对于自我实现有着怎样与众不同的见解。

罗斯杰老师说道:"我认为,实现趋向是促使每个人人格形成的一种潜在动力。实现趋向分为一般实现趋向和特殊的自我实现趋向。一般实现趋向指的是那些生理上的成长,是不受到外界因素的影响全靠自己的发展。"

比如,当我们身体里的激素功能正常且达到一定水平时,我们会形成第二性征,像女孩子的"大姨妈"和男孩子的"陈伯"。再比如,当毛毛虫长到一定程度,就会羽化成蝶。显然这些生理现象在生物学领域中的确是一种进步,一种对更好的身体状况的追求,并且只要到达一定时间就会形成,与我们是孤儿还是家庭美满,生活是贫穷惨淡还是富饶奢华等这些生活经验都毫无关系。(见图13-1)

图 13-1　蜕变

自我实现趋向则要受到社会因素的影响,我们的生活经验和学习都可以为自我实现趋向提供肥料。我们的信仰、性格、观念都是在后天接触的事物的影响下成型的。两者的结合构成了实现趋向的基本内容。

罗杰斯老师继续讲道:"一般实现趋向无须多提,只不过是自然的生理发展,只要你健康,就肯定不成问题。而特殊的自我实现趋向却受到很多因素的影响。你一定很想知道,有哪些因素在潜移默化地改变我们。在这一观点上,马斯洛老师偏向于强调自身的一些做法,像勇于承担责任,倾听自己内心的声音以及让自己专注地学习,等等。相反,我更注重的是我们的家人、朋友的态度可能会产生的影响。"

张栋兴表示同意:"一年之计在于春,人也是如此,婴儿时期的经历对以后的影响是最重要的,不然怎么会有人说'三岁看小,五岁看老'。"

罗杰斯老师点头:"是啊!一个人是否可以形成健康、积极的自我,完全取决于他在婴儿时期获得的关爱有多少。这种需求被我称作是'积极性尊重'。我们每一个人都有积极性尊重的需求。为了满足这种需求,即使是在婴儿时期,我们就已经学会寻找方法。而我们成人之后的人格是否健康都取决于儿时的需求有没有被满足。"

温暖、喜欢、尊敬、同情、认可、爱抚和关怀等都属于积极性尊重,为了满足这些需求,婴儿或者青少年会试着去做一些讨父母开心的事情。反之,如果做了一些让长辈愤怒的事情,他们就会失去积极性尊重。

"什么该做,什么不该做"被罗杰斯老师称为"价值条件"。通过一次又一次地重复体验价值条件,渐渐地,这些标准就会扎根到孩子的心中,日后成为他们人格中的一部分。

罗杰斯老师说道:"举个例子,有一家人以种田为生,生活过得十分拮据,而这家的孩子小时候特别喜欢画画,但是他的父母却认为画画是一种耽误时间、没有意义的事情,从而小孩画画的时候,不会像平时那样耐心地陪着他,甚至还嗤之以鼻。尽管这只是一件小事,可是小孩子却记住了画画是无法获得爸爸妈妈关爱和陪伴的。无论他内心如何喜欢画画,等他长大之后,对绘画也会装出一副不在乎的样子。"

这时,这个人的观念就不再是他自己的观念了,而是包含了和他父母一致的想法。这样的行为就不能被称作是自我实现。因为他的行为不是受到自己真实想法的控制。时间一长，他的生活经验和他的自我会彼此疏远，矛盾也就产生了。

罗杰斯老师说："为了防止这种自我的不协调的产生。我们应当学会给予'无条件尊重'。就是无论孩子做什么，都无条件地给他关爱、支持和尊重。如此一来，就不会产生'价值条件'，使得孩子对于积极性尊重的需求和自我的需求和谐统一。只有这样成长起来的人，才能做到自我实现，激发自己的潜能。"

人往高处走自然是好事，除此之外，自我实现无疑可以让我们形成一个积极、乐观、健康的人格。自我实现这样的本能如果因为一个人小时候教育不当而被残忍地扼杀，或是被扭曲，那实在是太可惜了。

罗杰斯老师说道："我始终相信人之初性本善，如果让一个孩子自由地长大，谁又能肯定他将来不会出类拔萃呢？家长、老师以及其他长辈在孩子的成长道路上不过是指路人的形象。很多家长由于对孩子的保护而早早为他设计好日后的每一步。这样过度干涉，不管孩子真实的想法就强行封闭一些道路，不但会压制孩子的兴趣和本能，而且在之后的岁月里，孩子的内心一定会十分纠结，挣扎。况且，谁又敢保证，长辈为晚辈设计的未来就一定是合适的呢？时过境迁，未来是在一直变化的，我们谁也无法判断以后的日子是什么样。"（见图13-2）

图13-2 人的自我实现

第二节　如何正确地给人提建议

　　罗杰斯老师说道："生活中你是不是也遇到过朋友来向你询问意见，或者你也曾在有困难的时候找好友解决问题呢？不过，你又是否想过你的意见真的帮到他们了吗，或者他们的帮助真的有实际的用途吗？在这方面，我可是深有研究。"

　　首先，让我们请出几个朋友来分享一下他们的经历。（PS：罗杰斯老师叫出了何超凡、孙昱鹏和夏楠）

　　何超凡："我要告诉大家一个悲伤的故事。我叫何超凡，今年25岁。在我21岁那年，我和一个QQ上的网友约出来见面。他比我大10岁，我俩一见钟情，爱得一发不可收拾。最开始，我俩的感情很好，我家和他公司离得也很近，每天下班他都会来找我，陪我坐着聊聊天，或者遛弯。总而言之，那段时间我过得很开心，后来他跳槽去了另一家公司。由于他的单位很远，我俩见面就不像以前那样频繁，联系也很少，一个月才见一两次。当时，我还小，不懂事，就开始怀疑他对我的感情。

　　有一次，我发高烧，特别难受，给他打电话，他却随便敷衍了两句，说一会给我打，结果一直没有打过来。我很伤心，就找我的闺蜜，问她是不是我对象不爱我了。她听到我俩的故事之后就一直指责我，说我傻，被人耍了都不知道，跟一个比自己大那么多的人谈恋爱，还说一个男人要是不能在你最需要他的时候出现，你要他又有什么用。现在，他玩腻了，对我没兴趣了，想甩开我而已。可是，我觉得如果他真的不喜欢我了，为什么不主动提出来分手？不过，因为我不想被闺蜜看不起，当天就咬咬牙跟他分手了。他一直挽留我，说那天的事情实在太多了，忙不过来所以没给我回电话。闺蜜却说这些都是借口，真正爱你的人是不会忘的。在闺蜜的建议下，我把他的电话给拉黑了。（见图13-3）

图13-3 朋友的意见没有用

现在，我工作了，每天事情都很多，特别能理解当时他的状况。有时候正听好朋友诉苦，领导走了过来，只好把电话挂了，跟领导一聊完就去忙别的事情了，根本想不起来要给朋友回电话的事。一天到晚有时候连吃饭的时间都没有。反正，我特别后悔那时候跟他说分手。这几年，我很少遇到像他那么好的男人。"

（罗杰斯老师默默在一边掉眼泪……"这实在是太感人了！"）

孙昱鹏："我要讲的故事发生在我上高中时。我上的高中是寄宿学校，课程特别紧，早上六点半就得起床，一天9节课外加两节超长的晚自习，晚上回宿舍又要写作业复习，有时候凌晨一两点才能睡觉。在高三那一年，我们所有人都刻苦学习，恨不得连觉都不睡了。但是，也有奇葩，就是我的室友。他上课睡觉也就算了吧，还逃课，体育课不去也就算了吧，有时候数学、物理这些正课也不去，晚上常常十点多才回宿舍。这明显就是自甘堕落啊！当时，我实在是看不下去了，就找他谈。我问他为什么不去上课，他说他觉得上课没必要。我就劝他，苦口婆心地跟他讲道理，举例子，说他这样完全就是在毁自己，父母花钱送他来上学不容易，不可以这么虚度光阴，要对得起爸妈，对得起良心。"

罗杰斯老师："是不是听完你的劝告，他豁然开朗，悬崖勒马，从此再也不逃课了？"

孙昱鹏："我倒是希望这样！我不光跟他谈，还监督他，上课看到他没来就给他打电话。这个没良心地却说我多管闲事，然后就从宿舍里面搬出去了。你说气不气人！"

罗杰斯老师："那倒是挺气人的，分明是'狗咬吕洞宾'。最后，他一定大学没考好，特别后悔对不对？"

孙昱鹏："没有，这也就是我最生气的一点。他居然考得比我还好，真不知道是他家里找的关系还是他真的就是个天才。可是，天才也不能这么嘚瑟，别人好心劝他也不能说别人烦啊！"

罗杰斯老师："说得好。不过，我们还是先看看下一位朋友的经历，最后让我帮你解答你的疑惑。"

夏楠："自我介绍什么的就免了吧，不过，有一点大家一定需要知道，我就是孙昱鹏口中那个'不学无术'的室友。刚才越听他讲我越来气，我成绩好明明就是自己努力出来的好不好。首先，我根本就不需要别人的帮助，而且他一直在帮倒忙。最开始，我上课睡觉是因为老师讲的都是些讲过无数遍的东西了，与其浪费时间听还不如补个觉为下节课养精蓄锐。后来，我觉得睡觉也没有必要，就干脆不上了，在自习室做题看书。这样效率还更高。那些有用的新课我一节都没逃过好不好。很多时候，我一天做两三篇阅读，但是老师留作业只留一篇。我提前写完就利用课间找老师把错题和不懂的知识都问了。老师上课再讲解作业的时候，我为什么要浪费时间又听一遍？还不如找个自习室背背单词呢。而且，我每天晚上回宿舍晚，是因为孙昱鹏总喜欢在宿舍里面让室友给他讲题，或者跟别人聊天吃东西。我学习需要一个非常安静的环境，他这样无疑是在打扰我，我只好在教室里面看书了。他却反过来说我浪费时间不学习。拜托，我学习的时候他又没看到。"

罗杰斯老师笑道："好了，这三位朋友每个人的经历都很精彩，也很常见。他们都有一个共同点，就是朋友给的意见和他们给朋友的意见都没什么用，而且有时候还会起到反作用。对此，我的'当事人中心疗法'为我们解答了这个现象。

"在我的理论中，心理治疗是需要以来访者为中心的，而治疗者的作用不过是提供一个场所或是一种氛围，帮助来访者思考，理清头绪，让他们自己想清楚如何解决问题，并非主动地给予指导。无论来访者有什么样的观点和想法都要无条件地肯定，接受，使得来访者可以积极地面对自己的问题。"

何超凡的故事就是因为她的闺蜜在谈话中加入了自己的看法和评论，直接导致何超凡不敢面对自己内心真实的想法，因为害怕职责而选择了顺从，而非遵循自己的意见。

由此可见，在心理治疗或者帮朋友开导，解决问题的时候，无论对方表现出的情感是积极的还是消极的，我们都不要赞许或者否定，只需接受，鼓励对方去了解自己的真实感受。否则，很有可能，我们的意见会误导他们。

来访者说的话不过是整个事件的冰山一角，就算来访者吐露出自己的心声，有些部分我们也是不了解的，如果我们在不了解的情况下不负责地给他们建议，最后的结果也就可想而知了。只有他们自己经过深刻的思考后做出的决定才是正确的，不会后悔的。

罗杰斯老师说道："除此之外，还有一点是我们不得不注意的，我提出所有的咨询或者治疗的前提是来访者必须主动地承认自己需要帮助，不然就会像孙昱鹏和夏楠一样。夏楠本来就不需要帮助，孙昱鹏的行为反而画蛇添足，最后好心办坏事。

"所以，帮助朋友是好事，但是提建议一定要小心谨慎。"

夏楠拍了拍孙昱鹏："听到了吗？"

第三节　代沟只是你不会倾听

罗杰斯老师笑眯眯地说："各位都听过代沟吧？"

大家纷纷表示听过。

罗杰斯老师说道："代沟这个词在我们生活中出现越来越频繁，很多人常说'我和你有代沟'，然后拒绝交流。到底什么是代沟呢？代沟是指两个人因价值观、思维方式、行为方式，或者道德标准的不同而产生的分歧和差异。有人说，三岁一代沟。其实代沟不光出现在时代相隔的两个人之间，在同龄人身上也常见，宗教不同，性别不同，受教育程度不同，都会产生代沟。我们总是认为代沟会使两个人拒绝倾听，但实际上，拒绝倾听才是产生代沟的根本原因。"

孙昱鹏点点头，当我们兴高采烈地想和父母分享一下自己的想法，或者帮家人出谋划策时，结果往往是一盆冷水浇到头顶。

在父母的眼里，我们不过是什么都不懂的小孩子，说出来的话也没有什么价值，所以对于那些从我们口中说出的话，他们也不会太过重视，更不会认真地听，最多也不过敷衍几句。

可是这样的行为，在幼儿心中造成的伤害是无形的。儿童觉得自己没有被尊重，可能会因此变得软弱，不敢再像以前那样肆无忌惮地吐露自己的心声。数年后，当我们的思想开始一点点成熟时，父母再想跟我们交谈，了解我们的想法，我们的态度往往是冷漠，竭尽全力地隐藏自己，为自己穿上厚厚的铠甲，代沟也就产生了。（见图13-4）

图13-4 代沟

其他方面的代沟皆是如此，因为某一方的观点和话语遭到反驳或指责，得不到倾听和尊重，从而放弃交谈。

罗杰斯老师说："我是有名的倾听者，不论对方的想法是成熟还是幼稚，深刻还是浮浅，客观还是偏激，都会全神贯注地倾听，并且设身处地地为他人着想，努力感受对方的情感。就算有人指着我的鼻子破口大骂，我也会一字不落，认真地听。如此一来，对方感受到完全的尊重和理解，便会视倾听者为知音，伯乐，代沟自然也就不会产生了。

"但是，那些已经产生的代沟又如何解决呢？既然代沟会让彼此拒绝说出真心话，那是不是只要双方把自己内心的想法说出来，代沟就会解决？这样的想法无疑是错的，有时候可能还是适得其反。还是以家长和孩子为例。"

一个16岁的高中男生跟学校里面几个抽烟喝酒的人结为兄弟，常常和他们一起出去玩，学习成绩有所下降。这个男孩的父母看到了，觉得自己的孩子在走下坡路，便本着"人性化教育"的原则打算和孩子沟通，做他的好朋友外加人生老师。

这对父母心平气和地拉着男孩的手说，"你把我们当成你的好哥们，咱说说真心话怎么样？"

男孩一听，心里乐开了花，觉得老天开眼，终于把自己父母变得和蔼可亲了一点。于是，他把自己内心的想法一五一十都说了出来，其中包括他那几个抽烟喝酒的朋友，他认为那几个人特别潇洒，成熟，而且十分"够哥们"。

可是，他越说，他父母的脸色就越难看。父母还是忍着怒吼，温柔地说："孩子，我们觉得那几个人不适合当朋友。你现在还小，要以学习为主，哥们义气什么的等你长大了再谈。再说了，他们抽烟喝酒肯定不是什么好人，你跟他们玩只会耽误你的学习……"男孩一听，立马吼道，"你们说我可以，为什么说我朋友？！你们认识他们吗？为啥要就妄加评论……"这时候，父母也火了，"你这孩子怎么回事啊！跟你这么说是对你好……"

然后，双方就吵得不可开交。男孩和他的父母说的无疑都是真心话，可为什么代沟依然存在？因为，从根本上，男孩和他父母的观点就是相斥的，把真心话说出来的结果无非是让矛盾更加明显。那，究竟如何才能消除代沟呢？

罗杰斯老师："其实，早在代沟这个词出现以前，我就已经帮各位找到了消除代沟的方法——倾听。但是，我口中的倾听，和刚才两位父母表现出来的倾听完全不同。我的倾听中还包含着另一个重要的因素——接受。只有用接受的态度去倾听，我们才能跨越那道文化、宗教或者年龄带来的沟壑。"（见图13-5）

图 13-5 倾听的力量

还是刚才的那个例子，先不管男孩和他的父母孰对孰错，双方都没有站在对方的立场上去思考问题，只顾着自己感情的表达。一场对话中，如果两个人都是叙述者，没有倾听者，那么结果可想而知。自己说出来的话等于废话，对方的观点还一句都没有听进去。

若想真正的解决代沟，两人交流中则应该更注重对方的感受，而不是单纯理性地给予评论。如果男孩的父母先接受他的想法，说"现在讲义气的人越来越少了，很多人都把利益看得很重，我们很欣慰你能找到这样的一个朋友"，然后再提出意见，"你对你哥们有求必应是因为他们对你好，不过，你有没有想过，我和你爸爸对你也很好，而且这么多年不离不弃，你要啥给啥，是不是也很够哥们呢？那哥们给你提个要求好不好？从你玩的时间里面抽出一部分出来，努力学习，等长大了之后赚钱再跟你那帮哥们玩去，这多潇洒。"

如果，男孩的父母当时是这样说，那么结果应该会大有不同吧，代沟什么的也就不复存在了。

罗杰斯老师说道："当今社会很多家长都有过多次和孩子交朋友的行动，但是和孩子之间的代沟依旧存在。原因其实很简单，孩子拒绝与家长交流普遍是因为家长往往是打着'交朋友'的旗号，把孩子最近隐瞒的生活和想法骗出来，再端着家长的架子批评指责。"

夏楠点点头，确实，如果家长们无法做到像罗杰斯老师那样海纳百川，接受、认可或理解孩子心中那些可能幼稚的想法，就不要再用这样的行为一次次打击他们，让孩子对你们建起一道道心墙。

第十四章
华生讲"刺激"

本章通过4小节，详细介绍了心理学方面有关"刺激"的知识，内容翔实有趣，适用于渴望提高心理学能力的读者。

约翰·华生（John Watson）

美国心理学家，行为主义心理学的创始人。

华生早年师从著名学者杜威研究哲学，后转向心理学。他认为心理学研究的对象不是意识而是行为，因此提议心理学界放弃自我调节的内省法，转而进行试验和观察，他也因此成为实验主义心理学奠基人。

1915年，华生当选为美国心理学会主席，成为美国乃至世界最著名的心理学家。

第一节　微表情是否能透露内心

孙昱鹏对夏楠说："今天一个妹子夸我了，说我好厉害啊，但是她嘴角又露出十分不屑的样子，我该不该相信她？"

夏楠还没说话，华生老师笑了："你更相信她的话，还是她脸上的表情？有人说语言可以是假的，表情可以是装出来的，但微表情永远都是一个人最真实的感情表现，它骗不了任何人。

"你可以通过眼泪和话语来让一个人觉得你现在非常难过，但是你不经意间上扬的嘴角会告诉别人你的真实情感——你在幸灾乐祸。这就是传说中的微表情。微表情比大笑、哭泣、皱眉这些我们主观上可以控制的表情要细小很多，它发生在一瞬间，通常只有五分之一秒，以至于有的时候连做出这个微表情的人和高度集中注意力的观察者都很难发现，因此很多时候，这些不经意间流露出的微表情更能准确地描述人的心理活动。"

华生老师认为，行为是指所有可以观察到的机体反应，它往往体现了我们对于外界环境的适应性。

华生老师说："我把反应分为四类：外显的习惯反应，内隐的习惯反应，外显的遗传反应，内隐的遗传反应。习惯反应和遗传反应的区别在于，前者是人们后天形成的，后者则是指那些当我们还是小婴儿的时候已经学会的技能。外显的行为指的是可以用肉眼观察到的行为。像打排球、画画、算术、与人说话这些经过后天努力才学会的行为属于外显的习惯反应。还有一些与生俱来的能力，比如刚生下来的小孩就知道如何打喷嚏，抓握，就属于外显的遗传反应。内隐的反应是我们无法用肉眼观测到的。内隐的习惯反应包括思维意识、巴甫洛夫研究的条件反射等等这些需要后天学习的能力；而内隐的遗传反应包括我们从生下来就有的身体的内分泌系统和循环系统中的各种变化。

微表情就属于外显的遗传反应，所有人伤心的时候泪腺都会分泌泪液，感到鼻子很酸，而不是哈哈大笑。正因为微表情是先天就有的，它无法伪装，可以真实地反映一个人的内心。哪怕我们努力去掩盖或者抑制这些微表情，它也会在不经意之间出现，只不过表现的时间较为短暂或者不明显罢了。"

孙昱鹏恍然大悟："哦！再怎么能装的人遇到刺激后一定会下意识地在第一时刻流露出和自己真实想法相同的微表情，而那些伪装也在我们做出微表情之后才会出现。所以，我们需要非常用心地观察。"（见图14-1）

图 14-1　微表情更加真实地反映内心

华生老师说道："不错，举个例子，当你在盘问别人，如果你说的话是错的，对面的那个人的嘴角会轻微上扬零点几秒又立刻恢复正常。再比如，一个人撒谎时，摇头否定前一定会下意识地轻微点一下头。

"如今，微表情的运用越来越广泛，就连联邦调查局（FBI）也经常运用微表情来揣测别人的心思。听到这里你们的内心是不是有些小激动？是不是希望自己也能成为美剧《别对我说谎》（Lie to me）里面的读心术大师？别急，下面就教你如何从微表情看人心。"

总体来说，每个人都有7种共同的微表情——高兴，伤心，害怕，愤怒，厌恶，惊讶和轻蔑。不管你有多能掩饰自己，也逃不过这7种基本的微表情。

高兴——人们高兴的时候会不由自主地翘起嘴角，眼角会形成"鱼尾纹"，而假笑的眼角是不会有皱纹的。如果左边嘴角扬起的弧度比右边要大，那么这个微笑无疑是假的，因为脸部74%的真实感受会表现在右脸，就算你是左撇子也一样。

伤心——眯起的眼睛，收紧的眉头，下拉的嘴角和眉毛，还有微抬的下巴都是伤心时的面部特征。

害怕——害怕时，人的嘴巴和眼睛会张开，眉毛上扬，鼻孔放大。不光如此，人在害怕的时候会出现逃跑的生理反应，血液会从四肢倒回到腿部，做好逃跑的准备，此时，人的手掌是冰凉的。

愤怒——当心情愤怒时，眉毛会下垂，嘴唇紧闭，前额紧皱。还有，人真的生气时，怒吼和拍桌子应该是同时发生的，如果一前一后，那么很有可能是在伪装。

厌恶——厌恶的微表情包括嗤鼻，眯眼，眉毛下垂，上嘴唇上抬。通常，真正的凶手会对受害人流露出类似的微表情，甚至是害怕，但绝对不会是惊讶。

惊讶——遇到令人惊讶的事情时，人的下颚会下垂，眼睛瞪大，眉毛微抬。但要是惊讶的时间超过1秒，就证明你面前这个人的表情是装出来的。

轻蔑——最经典的轻蔑特征就是嘴角一侧抬起，脸上表现出讥笑或者得意。

除了这7种最常用的经典微表情之外，还有一些肢体上的动作也可以表露出人内心的真实感受。例如，当人感到羞愧的时候，最有可能出现的动作是把手扶在额头上来建立一个视觉阻碍或者眼睛看向别处，躲避对方的目光。

华生老师对孙昱鹏说:"当你想知道自己的伙伴、对象或者身边的人是否在说谎的时候,可以注意他的单侧肩膀有没有抖动。因为单侧肩膀的抖动表示说话人不是很相信自己说出来的话,这种和语言不一致的行为证明他在撒谎。

另外,人撒谎的时候会有比平常更多的眼神交流,为了判断你是否相信他的话。还有,如果你问了对方一个问题,对方不屑地又重复了一遍,这是典型的撒谎方式。

很多人撒谎的时候,由于对自己说的话完全不相信会习惯性地摸鼻子、手或者脖子,这是在给自己一种心理上的安慰,打消内心的疑惑。我们还要记得,没有表情与出现表情同样重要。一个人面部两侧的表情不对称说明他很有可能是在伪装自己的感情。"

(见图 14-2)

图 14-2　你的表情正出卖着你

夏楠说道:"我朋友发现自己男朋友晚归,并且支支吾吾,行动可疑,于是,她很冷静地问他今天都去哪了,都干了什么,而且在他汇报自己的行踪的时候,努力记住他说出的一连串地名。当她男朋友说完之后,她立刻命令他再倒着说一遍。不错,就是倒着再说一遍,因为没有人可以把虚构的事件正确地倒着叙述一遍。这么一来,她的男朋友就露了馅了,跟刚才说的完全对不上号。仔细盘问下才之后,她男朋友的确说了谎。这一招在对方没有准备的情况下,可谓百发百中。所以,一旦你发现谁倒叙自己行踪时磕磕绊绊,满头大汗,那不用说,他的话一定不可信。"

华生老师大笑道:"这招真不错!学习了!这就是一些基本

的微表情，尽管其中的大部分都很有用，但对于不同的人，还是有一定的误差。简单地说，在使用微表情去揣测别人的想法时要结合实际情况，可能一个人不停地摸鼻子只是因为他不舒服而已。不知道你有没有留意过，在学校或者单位里面，越爱撒谎的人，人缘越好，因为他们很善于伪装自己的感情来避免口角，迎合他人。"

第二节　想让你成为什么，你便能成为什么

何超凡举手提问："华生老师，您以前是不是说过，'想让你成为什么，你便能成为什么？'"

华生老师点头："不错，不是指让你成为超人、蜘蛛侠、哆啦A梦之类不切实际的科幻形象，而是给我一打健全的婴儿，我可以保证，在其中随机选出一个，训练成为我所选定的任何类型的人物——医生，律师，艺术家，商人或者乞丐，窃贼，根本不用考虑他的天赋、倾向、能力、祖先的职业与种族。"

夏楠觉得这听起来有些像天方夜谭，但仔细一想，也并不是毫无可能。

华生老师说："我认为人类的所有行为都可归根于刺激引起的反应，比如，望梅止渴，画饼充饥，可是没有人生下来看到酸酸的梅子就会分泌唾液。可见，除了一些极少数的简单反射之外，刺激并不是来自于先天的遗传，所以行为理所当然不可能是先天的遗传了。于是，我觉得后天环境对于我们行为的养成具有压倒性的影响。"（见图14-3）

夏楠想到了小艾伯特实验：

刚出生 11 个月又 5 天的小艾伯特是一个身心健康的小孩。华生老师把一只毛茸茸的小白鼠放到他的面前，小艾伯特看到小白鼠时的第一反应就是好奇，伸出手想去摸一摸它。

面对这样一幅人与动物的和谐画面，华生老师狠下心来，用铁锤猛烈敲击一小段铁轨，发出一种令人厌恶的噪音。很明显，年幼的小艾伯特被吓到了，哭闹着喊"妈妈，妈妈"，然后快速地爬走了。当可爱的小白鼠与烦人的敲击铁轨的声音同时出现三次后，光是小白鼠的出现就会引起小艾伯特害怕的情绪和防御的反应行为。

而在第六次后，小艾伯特只要一看到小白鼠就会产生强烈的情绪反应。半年之后，即使是在小艾伯特面前放一只毫无攻击力的小白兔，或者小白狗，甚至是白色裘皮大衣之类的白色带毛物体都会导致小艾伯特浑身哆嗦。

图 14-3　行为与刺激

夏楠甚至能想到，华生老师在一旁说："看吧，我想让你怕什么，你就能怕什么。"

华生老师继续讲："不光是畏惧，人的爱与恨都可以利用条件反射培养成我们想要的样子。比如，你可以准备一些钢琴曲，每当钢琴曲响起的时候，就给婴儿喂奶，带他出来玩，或者给他玩具等可以让他心情愉快的事情。久而久之，当他一听到钢琴的声音，内心就会不由自主地感觉到开心，轻松，回想起美好的事物。在他长大之后，怀着这种对于钢琴的偏爱，他一定会主动地去学习弹钢琴,励志成为一名钢琴家。相反,如果每当钢琴曲响起的时候,你就打他,甚至把他一个人锁在家里不理他,时间一长,他对钢琴甚至其他的乐器都会感到深深的厌恶或憎恨。"

当然,条件反射只是后天塑造人的一种方法,我们还可以利用斯金纳的操作性反射来实现"想让你成为什么,你便能成为什么"的想法。

华生老师说道:"利用小孩喜欢的东西去诱惑他们弹钢琴、画画,做别人想让他做的事,就是一个典型的后天环境影响。若想把一个婴儿培养成一流的窃贼,那么每当他偷偷拿走了别的小朋友的玩具时,就对他进行表扬,给他买喜欢吃的东西来鼓励他继续这么做。渐渐地,在他的大脑中就会建立一个偷东西等于有奖励的反射。就算他长大以后意识到这种行为是令人发指的,可是习惯早已养成,他本质上已经成为了一个窃贼。(见图14-4)

图14-4 梦想与成长

除了条件反射和操作性反射之外,利用小孩的模仿意识也是后天环境影响中的一种。

华生老师说道:"你们中国的孟子,有著名的'孟母三迁',这就是一个很好的例子。通过这个故事,我们可以发现孩子有一种与生俱来的模仿能力,父母教小孩说话就是依靠这一点实现的。"

假如一个律师每次出席法庭都会带着自己的小孩,这样的结果只能是孩子会不由自主地模仿自己父亲在法庭上的姿势、语气,一些深奥的法律术语也会潜移默化地在他的脑子里扎根,尽管这个小孩可能连这些词是什么意思都不知道。

华生老师说道:"已经为人父母的朋友们请注意了,千万不要在自己家的宝宝面前说脏字,除非你希望他张口说的第一个词不是'妈妈',而是那些污秽的词语。"

那如何培养一个孩子成为乞丐呢?难不成天天带着他沿路乞讨?这也是一个办法。不过,我更愿意相信是由于父母的溺爱。

独生子女政策不单减少了中国人口的增长,还让每一个新生儿备受父母的关爱。可有时候,这种关爱变得十分畸形。从小就被家人捧在手心里,穿衣吃饭全靠父母,甚至上学都要全家老少齐上阵,一路护送。

那真可谓是皇帝般的生活,呼风唤雨,想要什么父母就给买什么,和小朋友吵个架都要父母去解决。这样的孩子长大之后没有一点生活能力,在社会上很难混到一席之地。年轻的时候还可以依靠父母过活,但是几年之后,当双亲白发苍苍,卧床不起,他也只能凭借乞讨求生。

夏楠点点头,由此可见,华生老师当初夸下的海口的确是有希望实现的,当然我们不排除适得其反的可能性。不可否认的是,后天环境对于我们的影响比先天的能力重要得多。由衷地希望每一个孩子的父母都可以正确地引导孩子成长,但是真心不建议那些望子成龙的父母利用上面的理论来把孩子变成自己喜欢的样子。

孙昱鹏说:"《家有儿女》里面鼠标的父亲从小培养他,希望他将来成为举重冠军,最后'赔了夫人又折兵',不仅在举重事业上毫无进展,还因为自己严厉的性格,用打骂来监督鼠标学习的教育方式使鼠标变得懦弱,胆小怕事。"

华生老师怜悯道:"孩子也是人,不是生了他,你就有权力去控制他。父母的意义更多的是帮助引导,而不是规划命令。可能你做不了李刚那样的爹，给不了孩子金枝玉叶的生活，但还他一个如春花般绽放的童年，不是更好吗？"

第三节 稀奇古怪的各种恐惧

看着大家若有所思的表情，华生老师调皮一笑："欢迎大家来到第一届《中国好恐惧》的节目现场，我就是本次节目的主持人华生老师，大家好！"

大家都被华生老师吓了一跳。

华生老师继续说道："生活中你是不是有一些稀奇古怪的恐惧并为其所折磨？你是不是惧怕一些在别人眼里看起来再正常不过的事物？如果你是，请立刻参加我们的节目。不管你是人老珠黄的家庭主妇，还是正处于豆蔻年华的萝莉正太，不论你是傲娇、病娇，还是中二病，你都可以来做客我们的节目，不要犹豫，机不可失，时不再来！赶紧拿起手中的手机，拨打屏幕下方的电话报名吧！"

华生老师叫起孙昱鹏，让他谈谈自己的恐惧。

孙昱鹏："大家好，我是一名学生，我的梦想是出国留学，学习先进的知识然后回来报效祖国。不过，我遇到了一个困难，就是长单词恐惧症。每次我背单词的时候只要看到特别长的单词就恨不得把整本书都撕了，导致我现在因为害怕看到长单词而不敢背单词甚至不敢看英语课本。我来到这里就是希望著名的心理学家华生老师能帮我摆脱长单词恐惧症的困扰。"

华生老师："这位同学，请问你最开始背单词就这样吗？"

孙昱鹏："不是的,以前我还很喜欢背单词。"

华生老师："那你是从什么时候开始对长单词产生恐惧的呢?"

孙昱鹏想了想："好像是有一次单词测验,全班只有我一个人把一个长单词拼错了,然后被班里的同学嘲笑了好久。本来我是班里名副其实的学霸,多长的单词都能轻松搞定,但是不知道为什么,那个单词死活背不过,每次要么多一个字母,要么少一个,老师就一直批评我怎么这么长时间还没有记住。从那以后,不知道怎么回事,我就开始对长单词产生恐惧了。"

华生老师："对对对。你这个情况就非常符合我提出的行为主义原理。因为你的拼写错误引来了老师的责骂和同学的嘲笑,时间一长,你看到或想到那个长单词,就会自然而然地回忆起同学的嘲笑和老师的指责。一般来讲,过一段时间就会自动忘记那些回忆,可能是因为你这人比较敏感,随便的一件小事都会勾起那段不美好的回忆,使得你只要一看到略长的单词,就会感到恐惧。如果你的恐惧症还不能及时医治的话,以后你看到单词都会恐惧。"

孙昱鹏："啊?老师,那我还有救吗?"

华生老师："这个嘛,你让我想想。对了,你最喜欢吃什么?"

孙昱鹏："老师,我爱吃冰激凌,只要我一吃冰激凌就什么烦恼都忘了。"

华生："那你就买一根冰激凌,告诉自己必须看十遍长单词才能吃一口冰激凌。根据条件反射理论,如此坚持一段时间之后,即使不用吃冰激凌,你看到单词也会很愉悦,就像我们看到甚至想到杨梅就会自动分泌唾液。"

孙昱鹏："谢谢华生老师,我回家就试一试。"

华生老师:"好了,听完了孙昱鹏的故事,我们有请第二位选手,杨致远!"

杨致远:"我是一个电梯维修工人。以前我很热爱我的工作,直到有一天我和我的好基友们一起看恐怖片,片里的主角被困在一个地下室里面,没想到地下室里面的墙壁会移动,最后活生生地把主角给压成了肉饼。当时所有人都被吓得不行,只有我一点都不怕,不光不怕,我还嘲笑他们来着。没想到,第二天我去上班的时候,一站在封闭的电梯里面,我老觉得电梯的内壁会朝里收缩,把我夹死。我已经旷工好几天了,我到底该怎么办啊老师?"(见图 14-5)

图 14-5 电梯恐惧

华生老师:"你这个情况叫做密闭恐惧症。尽管你并没有亲身经历,可是电影里的主角和你的好基友把害怕的情绪传染给了你。因为受到周围环境的影响,你变得害怕电梯了。跟一号选手一样,一边上班一边吃冰激凌就好了。"

杨致远:"可是我不爱吃冰激凌。"

华生老师差点被气死:"什么?!居然会有人类不爱吃冰激凌,真的是不可理喻!那你喜欢什么?"

杨致远:"本人男,爱好女。"

华生老师:"那你找个美女到电梯里面陪你约会几次,然后你就会爱屋及乌喜欢上电梯的。"

杨致远:"不错不错。我现在就去找。"

华生老师:"好的,杨致远叙述完毕,掌声有请三号选手,张栋兴!"

张栋兴:"俺是一个富二代,俺家有一片超大号的草莓庄园,俺爹说了，等俺长大，这草莓都是俺的。但是，有一个很大的问题困扰俺很久了，那就是密集恐惧症。俺只要一看到草莓上面那一堆密密麻麻的小籽，俺就特别害怕，头皮发麻，手心出汗，还一个劲地哆嗦。不光是草莓，俺还怕菠萝、火龙果，等等。不过，俺和前两个选手情况不一样，俺没有原因，就是怕。华生老师，俺这个情况您给分析分析呗。"

华生老师："没有人会无缘无故地对一种东西产生恐惧，很有可能你小时候与草莓相关的某件不愉快的经历导致你害怕草莓，只不过，时间太久，你忘记了那件事而已。大家知不知道莲蓬乳？莲蓬乳就是由于蝇类的昆虫在女性的乳房里面产卵，然后幼虫钻出皮肤，而使得乳房表面留下一圈密密麻麻的小孔，很多人看到莲蓬乳会感到极其不舒服，甚至还会呕吐。这也就是密集恐惧症的主要原因，因为人们常常把我们日常生活中看到的那些毫无危险的事物和虫卵、疱疹以及各种病在皮肤上面留下的坑洞联系在一起，从而对这些东西感到恶心，不舒服，甚至惧怕。"

张栋兴："好像有点道理，但是俺为什么不会对密集的米饭感到恶心呢？"

华生老师："这个嘛，因为生活经验已经让你把米饭列为安全的密集物。况且你一日三餐天天吃，早就习惯了好不好！"

张栋兴："那俺咋能摆脱密集恐惧症的困扰呢？"

华生老师："方法有很多种。首先，你可以置之不理，尽量不往恶心的那个方面去想，该吃吃，该睡睡，实在不行，不看就好了。不过，考虑到你以后要接管草莓庄园，远离草莓是不可能的。另一种办法就是强迫自己去接受，一直看，看到没有感觉为止。就像许多法医最开始也是害怕尸体的，由于长期接触也就消除这种恐惧了。如果这种方法行不通的话，你还可以尝试一下幻

想疗法。"（见图14-6）

张栋兴："幻想疗法是个啥？"

华生老师："幻想疗法需要你极其强大的想象力。比如，当你看到草莓感到害怕的时候，你就闭上眼睛，幻想自己用镊子把那一个个青色的草莓籽都揪出来，接着用红色的颜料把草莓上面的那些小坑都涂上，想象自己伸出手去摸它，感觉到整个草莓的触感变得十分光滑。这样反复多次，就不会像最开始那么难受了。不过，具体的情况还得因人而异。你回家多试试就好了。"

图 14-6　用想象力抑制恐惧

张栋兴："华生老师，您可是治了俺的心病啊，俺终于可以接受草莓庄园了。"

华生老师笑眯眯地说："《中国好恐惧》的第一期节目已经接近尾声了，经过严格的讨论和观众的投票结果，前三强已经诞生了！但是，由于杨致远不爱吃冰激凌，组委会一致决定将其除名。不过，不要在意这些细节，欢迎大家收看本期节目，我们下次再见！"

第四节　环境造人

华生老师说道："了解过我的行为主义心理学的同学，知道能通过一些方法可以把出生的婴幼儿培养成我们想要的样子。其实，就算没有人刻意地想去改变我们，为我们设计规划未来，我们的行为思想依旧会被周边的环境所影响。

"举个例子：假设你生于一个书香世家，从小就与诗词歌赋打交道，就算你不喜欢也会出口成章，对文学知识了解很深；但若你父母都是厨子，那么你对菜肴的见解一定很高。乱世出英雄，曹操要是生在太平盛世，后人定不会用'枭雄'二字相称。高俅要是一个"80后"，那中国足球早就闻名世界了。橘生淮南则为橘，生淮北则为枳，《春秋》里的这句话说的就是'环境造人'这个道理。"

何超凡说："如此说来，是不是只要我生得好，就有了终生保障了？"

华生老师笑道："答案是——必然不可能。无论是什么样的环境，都有积极乐观和消沉悲观的两类人。要是你选择与一些浑身上下除了正能量还是正能量的人相处，你肯定会和他们一起努力打造美好未来，要是你选择和一群整天泡吧，去 KTV 网吧刷通宵的人为伍，结果可想而知，你以后也就这样了。恩格斯助马克思完成自己的事业，伯牙谢知音两人共赏高山流水，由此可见良师益友的重要性。"

华生老师说道：所以，我们要学会择良木而栖，主动地去选择对自己有益的环境。遇到志同道合的友人，就要抓住不放，跟他们桃园三结义；相反，遇到一些损友就应当学习管宁割席，狠下心来跟他们保持距离。

幸运的时候，我们可以去选择环境，可在现实生活中，我们往往无法改变周边的环境。当我们无法改变环境的时候是不是就意味着我们的未来已经定性了呢？

告诉你，答案还是必然不可能。

不同的环境会造就不同品质的人，同样的环境其实也会造就不同品质的人。好比一对双胞胎，他们有着同样的父母，同样的条件，同样的环境，但是两个人的性格有时是截然不同的。就算你出生于市井街头，也可以高贵雅致，有着自己的想法和见解。

我国古代很多文人学士皆是如此。《周敦颐弃官》中描写过，当周敦颐被人推荐，调到南安担任军司理曹参军的第一年，就敢和转运使王逵为了一个案件争执。当时的贪官污吏数不胜数，衙役里形成了"谁官职大就听谁的话"这种不成文的规定，根本就没有公理的位置。

不过清者自清。很多人掉进官场这个泥潭之后越陷越深，成为里面的一分子，也有的人对此无动于衷，凭借良心做事。周敦颐就是如此。根据法律，一名囚犯是不应当被处死的，但是转运使王逵硬是想重判他，由于王逵官职最大，其他人无不阿谀奉承，连和他争执的勇气都没有。

可周敦颐不受官场世俗的影响，当场就站起来和他辩论。王逵不听他的意见，周敦颐一怒之下把官辞了，告老还乡。的确也只有像他这样正直，能不被坏环境所影响的人，才能提笔写出流传千古的《爱莲说》。（见图14-7）

图14-7 近墨者黑

除了周敦颐之外，我们古代历史上能不被封建制度中的官僚腐败所影响，洁身自好的清官大有人在，例如，一生清廉简朴，从不讲究排场的包拯，即使做了大官，仍是与布衣时一样，他憎恶贪官，深受百姓喜爱。再回过头去看那些贪污行贿的政府官员，同样的环境竟打造出了完全不同的人。

翻看历史，卧薪尝胆十年之久的越王勾践以及一些在敌人内部隐藏多年的卧底也是从未被环境所影响。记得电影《色·戒》中，汤唯扮演的王佳芝和王力宏扮演的邝裕民，在战乱之中，为了可以为民除害，亲手杀掉汉奸，整日和一帮阔太太打牌看戏吃饭。生活在这样复杂的环境中，他们的内心也经常感到困惑，纠结。但是，在受着利益诱惑的同时，他们并没有堕落，而是一直坚持自己的理想，那份爱国之心也从未被污染，可谓磨而不磷，涅而不缁。

华生老师说道："我们常说乱世出英雄。一个人若毫无本领，胆小怕事，再有哪般的乱世，他们也不过是丧家之犬，复兴统一国家中的无名炮灰，抑或是叛国之贼罢了；一个从始至终都心向祖国的良将，就算他生在太平盛世，也能成为名垂千古的英雄，霍光便是如此。"

霍光被霍去病保举入宫，几年之后被提拔为光禄大夫，在汉武帝身边一待就是二十多年，从未出过差错。汉武帝在临死前下旨命霍光继续辅佐即将继位的八岁皇帝汉昭帝。霍光兢兢业业又在宫中待了十三年，这期间，平民百姓休养生息，减徭薄赋。汉昭帝死后，霍光根据宗法纷繁芜杂的规矩，力排众议把一个名叫刘贺的汉家子弟立为君主。

后来，霍光发现刘贺根本就是一个彻头彻尾的昏君，整天沉迷于女色，他又带领大臣准奏皇太后将这个在龙椅上才做了27天的皇帝废除了，接着又主持朝臣大会，立了孝宣皇帝。在那样一个人人都想升官发财的时代，霍光深得民心，谋权篡位对他来说根本不是问题，但是他没有。如今，人们还常常把这位生于太平盛世的英雄与伊尹（商朝辅国宰相）相提并论。

华生老师正色道："环境的确可以造人，但是环境只是起到影响的作用，最后决定我们未来的还是我们自己。面对不好的环境，你可以随波逐流，放纵自己，同时也可以高飞远举，选择更佳的地方去学习成长。在责备周边人怎样影响你的时候，也要反思一下自己为什么不能做到坐怀不乱，毛主席小时候曾经爬在马路牙子上写作业，毫不在意周边的噪音和行人的目光，专心做自己的事情。况且，如果本来就是一个扶不起的刘阿斗，再怎样厉害的诸葛亮辅佐，也改变不了你的本性。"（见图14-8）

图 14-8　人生掌握在自己的手中

第十五章
斯泰博格讲"爱情"

本章通过 3 小节,详细为读者讲述了应当如何用心理学面对爱情,告诉读者害羞和上瘾是怎么回事。本章适用于渴望提高心理学能力的读者。

斯泰博格（Robert J. Sternberg）

美国心理学家,认知心理学泰斗,智力三元理论建构者,同时也是首倡人类爱情三元论的心理学家。

斯泰博格于 1972 年毕业于耶鲁大学,后进入斯坦福大学获得博士学位,从 1982 年开始任教于耶鲁大学。主要研究领域包括爱情和人际关系,人类智慧和创造性等,在这些领域都获得了自己创见性的成果,在当代心理学界广受赞誉。

第一节　相爱容易相处难

何超凡对马伊琍很是心疼："文章和马伊琍是娱乐圈内有名的一对伉俪，他们2008年秘密完婚，婚姻感情和谐得让人羡慕不已。可不曾想到传出文章出轨的新闻，几日之后，这条微博得到了证实，文章和马伊琍准备离婚。"

夏楠叹口气："微博上的一段话说得很好，一双鞋，你刚买的时候，蹭上一点灰你都要弯下腰来擦干净；穿久之后，即使被人踩一脚，你也很少低头。对物如此，对感情亦是如此，最初，爱人皱一下眉都心疼，到后来，无论她怎样掉眼泪，你也不紧张了。不光是在娱乐圈中，在当今社会下，不能携手相依熬过七年之痒的夫妇太多。过日子，从古至今都是一门深奥的话题。"

斯泰博格老师一拍手："嘿，怎么这么多感慨？其实当两个人沉浸于热恋中的时候，我们被爱情蒙蔽了双眼，变成了现在时间的导向，对未来充耳不闻。换句话说，在我们享受今天的爱的时候，会理所应当地以为明天会在那里等着我们。爱让我们幸福，同时让我们变成了享乐主义者，只考虑眼前的幸福快乐，而忽略了未来可能发生的不好的后果和我们要付出的代价。"

斯泰博格认为，谈恋爱的前两个月中，只要对方出现在我们面前，那种美妙的感觉会让我们激动得忘记了思考，脑子里面只有他的影子。

一旦分开，你就会觉得寂寞和伤感，一分钟仿佛占据了半个世纪。不管明天你要上班还是上课,你都会和他一起熬夜深聊到凌晨再依依不舍地说晚安。无论你和朋友在聊什么,你看到了什么,你都会联想到他身上。

很可惜,激情总是会退去。

和他在一起的那种新鲜感已经不见,你熟悉了对方的存在,你开始恢复理智的头脑,不只是单纯地顾着眼前,而是去思考未来和过去。这便是所有情侣要面临的第一个问题——在对方身上的那道光芒褪色后,你是否还能像以前那样包容他、爱他。(见图 15-1)

图 15-1　相爱容易相处难

面对爱人身上暴露出的一个个缺点,你的心里已经开始喃喃, "我当初怎么就没发现他这个缺点呢?"

你们不再像以前那样亲密,但这并不是因为你或者你的爱人变了,而是你们需要一种新的态度去对待时间,去对待过去、现在和未来。

多年来,男女之间的爱情观一直存在着差异。普遍来说,男人更偏向于享乐主义的观念。他们不渴望安定,期待充满激情与刺激的感情,他们心中的理想情人是开放直率。相比于静下心来去思考规划未来,大多数男人更喜欢抓住当下,享受现在的每一分每一秒。

而女人则多属于未来憧憬观念。举个例子，大学时期，男生可能会翘课去陪女孩逛街、吃饭，但女生却会考虑今天的约会是不是会影响到自己的学习。

这种差异无疑具有一定的生存优势，男女彼此互补可以使生活更加完美，同时，世界观的不同还会导致两人意见不合，引起冲突。比如，当一个家庭手上有了几十万的闲钱，男人可能会想用它来买车，但女人往往会主张存到银行留给孩子，这就是因为世界观的不同。

斯泰博格老师说道："这也为我们解释了为什么同性恋人之间的冲突会少一些。因为女同性恋们会分享一个共同的未来时间导向，而男同性恋不会因为对方享受当下，不考虑未来而生气发火。当然，我的爱情观并不绝对。除了享乐的爱情观和未来憧憬爱情观外，还有其他的爱情观导向。像积极的人，往往不会过于注重感情中的激情，他们将满足与可靠视为理想伴侣的特征。而消极的人，则会每天把前男友前女友挂在嘴上，喋喋不休地拿枕边人与前任对比，抱怨自己曾经错过了哪些浪漫情人。"（见图 15-2）

何超凡点点头：如此看来，爱情观的不相匹配，会让情侣之间难以沟通，甚至产生误解。现在，很多的女孩都会憧憬未来，跟男朋友描述自己梦想的家，并以此为目标去督促男朋友努力工作买大房子和跑车。

不过，要是这个女孩的男朋友刚刚大学毕业，事业心不是很重，目前为止脑子里想的

> 沉浸在爱情中的人，确实会失去理智，不但会失去理智，还会失去"视力"！

图 15-2　爱情让人"盲目"

只是如何享受生活。那么这俩人一定会为此事争吵个不停，不是因为他们不够爱对方，不够关心对方，只是他们的爱情观不同，使得他们站在了两个完全不同的世界里对话。

斯泰博格老师说道："不错，我给出的建议是，在交往之前，一定要先确定对方的世界观是否与你的相一致。如果你可以弄清对方的爱情观，这将让你更加了解对方，而且为日后更好地解决分歧做好了准备。"

夏楠说道："其实，分歧是可以解决的。一对情侣在发生争执时，如果一个人在回想过去两人怎么甜蜜，埋怨感情变淡，而另一个人却在纠结于未来两人会不会分道扬镳，还能否结婚。"

斯泰博格老师点点头："不错，这种情况下，不管怎样沟通也无济于事。我们不能重造过去，也不能改变还未发生的未来，唯一能做的就是站在现在这个时间点上去思考，交流。一旦眼前的问题被解决，一对情侣才能继续走得更远，留下更美好的回忆。"

确实，何超凡心想，没有哪一段感情是一路顺风顺水的，肯定要经历一些考验和磨炼。谁都有缺点和小脾气。维持爱情的关键并不是找一个爱情观与你相符的人，这样的做法只是减小产生矛盾的概率，而真正能使一段爱情走下去是依靠双方的让步和体谅。

不要总想从一段感情中得到什么，爱的意义一直都是付出，不是索要。无论是谁，在感情中都要面对一年新鲜，两年熟悉，三年乏味，四年思考，五年计划，六年蠢动，七年行动的挑战。

斯泰博格老师说道："对此，一位女士在先生出轨后留给我们大家的忠告是，恋爱虽易婚姻不易，且行且珍惜。"

第二节　你为什么会害羞

"我们从斯泰博格老师身上学会了这么多的心理学知识，现在，为什么不请他来做一下自己介绍以便我们更好地认识他呢？"夏楠说道。

"大家好，我叫斯泰博格，我是一个……一个……人，天哪，我到底在说什么，为什么不说我喜欢看电影呢？算了，还是不说个人爱好了，我是……额……"

"斯泰博格老师，您怎么了？"

"我……我害羞！"

噢，原来如此，面对这么多的学生，斯泰博格老师害羞了。可能你对上述的情况深有体会，因为你也是害羞的一分子，也可能你会表示不屑，由于你天生就开朗豁达，喜欢与人交流，但是，实际上，害羞几乎是每个人都经历过的事情。（见图15-3）

日常生活中，超过80%的人表示他们体验过害羞，而40%的人认为他们经常处于害羞中，意思就是你在大街上走着每遇到10个人，其中有4个人现在正处于害羞的状态。

> 人害羞的根源是很复杂的，但总的来说，所有人都会害羞！

图15-3　每个人都会害羞

那到底什么是害羞呢？即使是研究害羞心理学的斯泰博格老师也无法给我们一个准确的定义。《牛津词典》上对于害羞的解释是很容易害怕，而《韦氏词典》则将害羞定义为对别人的出现感到不自在。无论是哪一种解释都描述出了害羞的特点，不过没有一个是全面的。

斯泰博格老师说道："我们研究得越细，就会发现害羞的种类越多，因为你会发现每个人的害羞都是不同的，有的人只是会偶尔感到轻微的不自在，有的人会莫名其妙地突然害怕与人交流或者在公开场合谈话，甚至有的人害羞已经成为了心理问题，家里一来客人就会害怕得躲到床底下或者把自己反锁在屋子里，由此可见，害羞是多样复杂的。"

夏楠问道："那么为什么我们会感到害羞呢？"

对于这个问题，不同学派的老师各持己见。人格特质学派认为害羞是一种遗传特质，就像我们的身高和智力一样。行为主义者则认为，害羞是后天教育的不足，他们没有学会如何与人交往罢了。精神分析学家却觉得害羞是个体潜意识下内心激烈冲突的一种外在表现。社会学家和一些儿童心理学家确信害羞是社会环境导致的普遍现象，我们应当习以为常，给予理解。社会心理学家又提出异议，认为害羞不过是被自己或者别人贴上的一个标签，一种和性格一样的特质。

总而言之，很遗憾，对于这个问题我们也无法统一答案。所以，我们只能具体情况具体分析。

对于第一种害羞是遗传特质的观点，通过调查，我们发现所有病态害羞的人生长于有着精神病、偏头痛、忧郁症、心绞痛患者的家庭，从医学上，我们可以认同害羞源于家族遗传这种看法。

H因分子就是可以用来衡量每个人是否害羞的遗传分子。H

因分子分为两种，H+和H-。H+型的人往往在面对困难、挫折的时候表现出坚忍不拔的品质，比如罗斯福总统和丘吉尔首相就是两个典型的H+型。

相反，H-型被命名为反应敏感者，也就是我们所说的害羞者，这类人面对挫折时会展现出高度的脆弱。尽管如此，但是人格特质的理论并没有为我们解释如何治愈害羞，甚至有的悲观人格特质理论还表明不要尝试去治疗害羞，因为它是无药可救的。

而第二种行为主义的观点与第一种相反，他们认为只要对婴儿的生长环境合理地加以控制，完全可以把一个害羞腼腆的H-型培养成活泼开朗健谈的H+型。行为主义学家把害羞归咎于某些特点的环境会勾起我们不好的回忆，比如一个小孩曾经上课举手发言却导致全班的嘲笑，那么下次老师再提问的时候他就不敢再举手了，就算老师点名让他回答，他也会唯唯诺诺，支支吾吾地说不出来一个字。

正是如此，在我们的童年中，长辈总会灌输"童言无忌，小孩子懂什么"之类的观念思想，从而使我们觉得自己什么事情也做不好，过早地学会了恐惧。

斯泰博格老师接着说道："同时，行为主义的观点对于害羞的治愈要有效得多，它从心理上让害羞者摆脱了'天生失败者'的阴影与宿命，让他们看到了希望。"

精神分析学家相信心理困扰是本我、自我、超我三者之间不和谐的产物。所谓本我是人类最原始的冲动，像吃饭、排泄和性，超我是指良心、道德监督和社会禁忌等，而自我就是在本我和超我之间寻找到的平衡点，害羞则是本我和超我不协调产生的冲突。

斯泰博格老师举了个例子：

假如你是个男的，你爱上了你妈，自我的欲望驱使你去和你妈表白，而超我的束缚不允许你这么去做，从此，你见到你妈就会表现得十分害羞。

当然也有的精神分析学家认为害羞是掩饰严重精神障碍的一种外在表现。很多人内心觉得自己高人一等，鹤立鸡群，不屑于和周边的人交流，最终的表现形式就是害羞。（见图15-4）

斯泰博格老师说："对于害羞这个问题，我曾经咨询过一个大学生健康服务中心的主任。主任告诉我，平均每年有500名学生来咨询有关孤独的问题。如果500名同学同时来到诊所，主任则会找到系主任或者宿管来询问最近学校发生了什么事情，让这么多学生产生孤独感。由此可见，导致孤独的原因是环境的变化，这就是社会学家和儿童心理学家的观点。"

图15-4 害羞

孙昱鹏说道："在经济高速增长和科技高度发达的情况下，搬家已经成了一种常见的事情。可是我们有没有思考过，这种频繁的迁移会导致越来越多的人丧失归属感，将小孩子刚刚建立起来的交际圈摧毁，使得他们面对环境的屡次改变而不敢交流，把自己隔离起来。"

斯泰博格老师点头："不错，更何况现如今每家每户都是独生子女，邻里之间的交流也不如以前四合院时代那么亲密，显然，在这类社会环境中长大的孩子极其容易变得害羞。同时，严厉的父母和老师也会让小孩变得不自信，因为害怕做错事而害羞了起来。面对种种原因和多样的害羞情况，家长和老师们需要更加小心地去引导帮助孩子。在此,有一个很好的例子值得我们去分享。"

斯泰博格老师举例：乔治是一个患有小儿麻痹症的孩子，他4岁的时候就需要依靠腿部支架去走路，家里每次来街坊亲戚的时候，他都会钻到床底下或者沙发底下，不愿意见人。

乔治的母亲认为他应该和同龄的孩子一起玩耍，为了克服他的害羞，母亲把乔治送到了公立学校，那时乔治已经不用腿部支架了。上学的第一天，乔治一直在哭泣、喊叫，一有人看他，他就把头低下来。

后来，乔治的母亲想了一个很有趣的方法。她把一个棕色的购物袋做成了面具，剪出了眼睛、鼻子和嘴巴，还涂上了好看的颜色。乔治十分喜欢这个面具，并且愿意带着它和别人交流。老师对于乔治妈妈的方法十分赞同，还告诉班上别的孩子不可以摘下乔治的面具。

这个面具帮了乔治很大的忙，他不需要再隐藏自己了，渐渐地，他和其他的孩子越走越近，甚至一起玩耍。一年后，尽管乔治还带着那个面具，但是他变得自信起来。一次联欢晚会，老师问他想不想做表演队的队长，乔治兴高采烈地点了点头，激动地上蹦下跳的。

老师说，表演队的队长不可以戴面具的，只能穿精美的服装，戴着高高的帽子，所以你可以摘下你的面具吗？乔治毫不犹豫地答应了。虽然他并不是特别外向，但是他不再像以前那样害羞、害怕见人。

第三节　上瘾是怎么一回事

孙昱鹏突然问道："对了！斯泰博格老师，我有个问题，就是不管打游戏还是喝酒，都特别容易上瘾。这是怎么回事啊？"

斯泰博格老师笑了笑，从古至今，酒就与我们的生活息息相关，不光应酬聚会需要喝酒，文人义士更是嗜酒如命。从"公田之利，足以为酒"的五柳先生，到舍弃"五花马，千金裘"只换美酒消"万古愁"的李白，再到命途多舛，"沉醉不知归路"的李清照，足以看出他们对于酒是上瘾的。

除酒之外，我们对于香烟、网游也是十分容易上瘾的。这里指的上瘾不是那种吃冰激凌、看书之类的上瘾，而多是一些负面的情节。尽管我们都了解酒精、尼古丁和网游对我们的心灵、身体以及生活都有可能造成不良的后果，但是在面对诱惑时，这些抽象的道理往往显得苍白无力。这些人严重缺乏忧患意识，目光短浅，觉得自己的行为不会带来可怕的后果，就算有也会不负责任地抱有侥幸心理。

斯泰博格老师说道："对于上瘾这种现象，我把它归类于享乐观和宿命观。"

这种享乐观我们每个人都有过，在工作结束、朋友重逢、有喜事发生的时候，每个人都会不由自主地选择去喝一杯，考完试之后会有通宵打个游戏的想法。这都是正常的，处于可理解范围之内的，不能被称作是上瘾。

相反，有的人嗜酒如命，就算丢了工作也要喝个痛快，或者为了游戏升级而耽误了学校的课程。这种人的未来时间观很差，相比于花时间思考未来，他们更愿意把自己的时间精力花费在享乐上面。（见图15-5）

图15-5 嗜酒如命

陶渊明就是如此，他淡泊名利，喜爱田园生活，对生活坦荡从容，一直都是无忧无虑的。诗仙李白也是这样，主张"人生得意须尽欢"，李白身上的银子几乎全都花在买酒这件事上面了。

而那些宿命主义者则多执有一种破罐破摔的消极心态。他们肯定自己的生活已经没有希望，把希望和未来托付给未知的命运。他们逃避现实，不热爱工作，每天只是借酒消愁。很多人喝酒上瘾都可以归根于此。

南宋的辛弃疾总想收复失地，可惜昏君当道，只能叹息一声"凭谁问，廉颇老矣，尚能饭否？"对于命运的无奈，辛弃疾唯有借酒消愁。李清照更是如此，本来就爱酒，在丈夫死后，整日浑浑噩噩，以酒度日。

无论是享乐观还是宿命观，上瘾又是怎么一回事呢？

这事需要从人体的生理结构说起。我们都知道人体内的四种"快乐素"，即产生快感的"多巴胺"，带来激情的"去甲肾上腺素"，负责取乐和镇痛的"内啡肽"，还有帮助我们克服困难的"催产素"。通常情况下，快乐素的分泌是非常少的，所以大多时候我们心情平静。

斯泰博格老师说道："只有当我们完成了任务才会增加快乐素的分泌，让我们感到喜悦和满足，同时快乐素分泌的多少和任务的难度系数是成正比的。换句话说，你付出的努力越多，工作越难，任务量越大，最后你感受到的快乐也就会越多。正因如此，我们才会愿意去坚持完成艰巨的工作。

而酒精的作用就是与神经元细胞上的蛋白结合，改变细胞膜的内外电位，从而打开快乐素的大门，这样一来，我们无须经过艰苦的奋斗就能感受到极大的快乐喜悦。而人们对酒精上瘾的根本原因就在于此。"（见图15-6）

由于正常情况下，人体不会大量频繁分泌快乐素，这样使得我们的大脑对于快乐素可以保持高度敏感，一点点微量的快乐素就可以让我们高兴很久，这样我们才会有动力去实现长期的目标。

而长期饮酒导致我们不用特别努力就可以获得快乐，我们深深地沉迷于这种快乐之中而贪杯，可是酒精同时也会使快乐素加速消耗，一旦停止饮酒，人体平时正常合成的快乐素的量不足以维持快乐素的消耗，导致血液中的快乐素含量比正常情况下还要低。

> 上瘾的根源在于精神奖励，是我们完成某项"任务"之后，获得了来自于精神的刺激。

图 15-6　人为什么会上瘾

这时，我们的身体已经适应了高含量的快乐素，而正常含量的快乐素不能让大脑满足，我们只有依靠酒精带来的快乐素去满足身体的需要；同时，如果大脑无法得到快乐素的安慰，我们就无法恢复平静，变得性情狂躁，感到痛苦。到最后，嗜酒的人喝酒不再是为了寻找快乐，而是去躲避不饮酒的痛苦。

尼古丁、网游、毒品都是如此，最开始可以麻痹我们的神经让我们感到极大的快乐，可是安静时身体无法得到满足便又去抽烟、喝酒、打游戏甚至吸毒，时间一长，最初的快乐会变成长期的痛苦，只能依靠这些东西来消除身体的痛苦，变成戒不掉的瘾。"

夏楠点头："是呀，很多学校、机构发起了反成瘾活动，试图帮助青少年摆脱喝酒、抽烟、网游带来的困扰，不过情况并不是十分乐观，尽管这些机构投资巨大，却没有什么实际效果。原因很简单，这些学校、机构主要注重于反复地强调吸烟喝酒网游带来的严重后果，而这些对于那些上瘾者是毫无作用的。"

斯泰博格老师说道："所以，若真想摆脱上瘾，只有在日常生活中，通过努力工作去重新找回快乐和满足感。"

随着科技的发展，现在的年轻人刷微博，刷人人网，刷朋友圈上瘾，这又是怎么一回事呢？其实和酒精上瘾的原理一样，微博、人人网、朋友圈上普遍以笑话和搞笑的图为主，很多人阅读时也会分泌快乐素，只是没有酒精使我们分泌的那么多而已，还有人表明吐槽也会产生快乐素。

斯泰博格老师说道："不过，刷微博不像喝酒、吸毒、抽烟那样对身体有害，它所带来的伤害是无形的，许多青少年一天到晚捧着手机，走路上课都在刷微博，晚上 10 点钟上床，然后玩手机玩到 12 点再睡觉。由此可见，手机占用了我们太多的时间。请放下手机，多陪陪家人和朋友。"

第十六章
津巴多讲"时间"

本章通过3小节,为读者讲解了三观之外的心理学观念——时间观,作者使用了轻松幽默的文字,与读者一起徜徉在心理学的海洋。本章适用于渴望提高心理学能力的读者。

菲利普·津巴多(Philip Zimbardo)

美国心理学家、斯坦福大学教授。

津巴多毕业于耶鲁大学,主要研究领域为社会心理学。最广为人知的是他在斯坦福大学进行的监狱实验,他以此证明了环境和社会角色对于人心理的影响是巨大的。

津巴多另一个广为人知的事迹是他与石溪大学的认知心理学教授理查德·格里合作,编写了心理学教材《心理学与生活》,这部教材至今仍是心理学教育应用最广泛的教材之一。

第一节　你的时间观是什么样的

张栋兴举着微博，对夏楠嚷嚷道："哎，现在这些新闻真是毁三观！"

津巴多老师突然出现在张栋兴身后："面对形形色色的行为，我们常说毁三观这个词。这里的三观指的是人生观、价值观、世界观。可是你知不知道还有一种叫做时间观？通过前几章，我们了解到性格决定人生，环境决定人生，可是你知不知道时间观也会决定我们的人生？下面，就让我们带着对于时间观这个词的疑问来走入我的小课堂！"

津巴多老师把人的时间观分为过去时间观、现在时间观和未来时间观三种。

> 记忆不是恒久不变的，当下的性格、观念又会反过来改变我们的记忆。

许多人认为我们的记忆系统记录了发生过的事情，但实际上，记忆可能并不是完全真实正确的，不过这种我们认为的真相往往比客观的真相要重要很多。过去发生的每一件事对于我们现在的性格、观念都有着巨大的影响。（见图16-1）

图16-1　记忆是会被改变的

津巴多老师继续说道："同样，现有的性格、观念又会反过来改变我们的记忆。闭上眼睛，挖掘一下你内心深处的记忆，再根据津巴多老师的时间观进行思考，你会发现过去的事情和你现在的样子有着一些可能你自己都没有注意到的关联。美剧《老爸老妈恋爱史》里的情节就很好地证实了这一点。"

剧中的巴尼是一个出了名的花花公子，他帅气自信，对自己泡妞把妹的手段深感骄傲。其实，在很多年前，巴尼是一个连和女孩说话都不敢的木头脑袋。直到有一天，在他弟弟的鼓励下，他大胆地约了一个女孩出去。

约会结束后，女孩夸赞他说你是我见过最出色的男人，没有人可以像你一样讨女孩欢心。从那以后，巴尼就认为自己天生就有和女孩相处的能力，再也不内向，开始四处泡妹子。可是，事实并不是那样。巴尼第一次约会的女孩之所以那么说是因为巴尼的弟弟贿赂她去给巴尼一点信心。

对此，津巴多老师说道："你对发生过的事的态度和看法远远比这件事本身对你的影响要大。尽管已经发生的事情是无法改变的，但是我们对于过去的态度是可以改变的。根据这一点，过去时间观被分为积极的过去时间观和消极的过去时间观。如果你的过去时间观是消极的，那么你很容易回想起以前那些不美好的事，从而使你心情低落、消极。调查表明，对过去持有乐观积极态度的人往往比那些对过去消极的人要更快乐，更健康，更成功。不过，那些对过去表现出积极态度的人要注意，不要过分沉迷于昔日的美好时光而不愿意改变现状。"

看着大家若有所思的样子，津巴多老师问道："现在给你100块和下周给你150块，你会选择哪一个呢？"（见图16-2）

孙昱鹏立马伸出手，说道："选第一个！"

津巴多老师笑眯眯地说："如果你选择第一个，无疑你是一个现在时间导向的人。面对生活中的多边性，未来变得深不可测，今日刚存入银行的钱可能明天就因为一场通货膨胀而化为乌有，或者你刚出门就被一辆迎面而来的卡车撞致身亡。既然如此，我们为什么不抓住当下，及时行乐呢？"

图 16-2　时间与选择

这种想法属于享乐主义的现在导向。津巴多老师的实验证明，婴儿是天生的享乐主义者，因为婴儿的意识还未发育，对于过去自然没有感知，对于未来更没有想法，有的只是当下的生理需求，比如，喝奶，睡觉。

不光是婴儿，很多刚毕业的大学生也是如此，由于他们更注重于花费时间金钱去享受生活，而不是为未来做打算，虽然找了一份高薪的工作，但依旧是一个月光族。除此之外，教育水平不高的人大多数也属于享乐主义的现在导向。他们知识上的限制导致无法准确地通过历史经验来预测未来，所以往往会局限于眼前。

不过，无论是哪一种现在享乐主义的人，他们都极力追求快乐、刺激，生活中都围绕着令人兴奋、愉快的事情。

与享乐主义不同的另一种现在导向叫做现在宿命主义。这一类人的主要精神思想就是"命运不由我"。由于长期受到生活的压迫外加从未时来运转过，很多人开始产生"无论我再怎么努力，结果也就这样了"的想法，他们缺乏反抗精神，没有资本却一直期待命运之神的眷顾。

津巴多老师说道："让我们再回到刚才那个话题，如果你选择下周给你 150 块，那么你属于未来时间导向。未来和过去一样，都是我们无法改变的。相比于回忆，未来更像是一种心理状态，集合了我们的希望、渴望、欲望,等等。"

未来时间导向的人通常情况下会拒绝那种今朝有酒今朝醉的想法,会把大部分的时间、精力用去给未来创造更多的价值,和现在享乐主义是完全不同的两种人。他们是天生的工作狂,会根据现实情况去推测未来,根据对未来的估计来左右当下的行动和思想。

其实,还有一种人属于超未来时间导向。他们关心的不是过去,不是现在,也不是未来,而是人死去后要进入的世界或者来生转世一类的。

这类人中的一部分会处处行善积德,为的不是得到他人的回报,而是死后可以进入天堂。他们认为人生来就是有罪的,我们需要经历许多的苦难来摆脱身上的罪行。当然还有另一类人,就比较恐怖了,就是我们常说的自杀式恐怖主义的人。他们捆着炸药走到人员密集的地方再引爆,或者往自己身上浇油在公共场合自焚。

这类人中的一大部分都是由于环境的不幸和心灵的脆弱而被宗教洗了脑,真的相信了天堂地狱以及来世的这种说法,属于典型的宿命论者。以色列曾经逮捕过一个自杀引爆者进行询问,他对于自己做法的解释是"精神力量会使我们进步,而物质力量只会使我们退步,自杀的人就不会受物质力量的影响了。"

津巴多老师分析,这类人有着强烈消极的过去时间观、强烈的现在宿命主义观以及微弱的未来时间观。死后具体有什么对于我们的影响不大,真正有影响的是我们对于死后生命延续这个观点的看法。

津巴多老师总结:"三种时间观介绍完了。每一种时间观都对我们的生活有着利和弊两方面的影响,对此,我们需要不断地调整自己的心态,改掉消极的东西,乐观地面对生活。"

第二节　著名的监狱实验

津巴多老师说道:"你们都经历过军训吧。站军姿,踢正步,吃饭前唱军歌,尽管你们很清楚自己并不是一个真正的军人,但在军营中依旧会以军人的标准来要求自己,对吗?"

大家纷纷点头表示赞同。

"有没有想过,如果把你放到监狱里像犯人一样地被看管,吃牢饭,或者让你当一回看守,你的内心会不会变得和真正的犯人一样,心怀愧疚,觉得自己低人一等,又或者和电视里的看守一样,无情残忍?还是你会无动于衷,单纯地做自己本来的样子?"

为了探究社会环境对我们行为的影响究竟有多深,以及社会制度能否真正地控制我们的行为、人格、价值观念和信仰,津巴多老师就做了一次这样的监狱实验。

"我在报纸上发布了一则广告:寻找大学生参加监狱生活实验,酬劳每天15刀(相当于今天的75刀),期限为两周。然后,我从70名报名者里通过一系列的医学测试和心理学测试,挑选出24名身心健康、遵纪守法、情绪稳定的大学生。他们被随机分成了三组,9名看守,9名罪犯,6名候补。"

为了让实验显得更加真实,1971年8月14号的早晨,天空刚泛起了鱼肚白,9名遵纪守法的大学生就从床上被拉了起来,警察分别向他们宣读了逮捕令和宪法赋予他们的权利,然后搜身并给他们戴上了手铐。经过一个小时的登记、拍照和留指纹之后，这9名大学生被蒙上了眼睛，押送到了斯坦福大学的模拟监狱中。

在监狱里，他们被脱光了衣服，身上喷洒了消毒剂，穿上印着身份号码的囚服。从那以后，他们便失去了自己的姓名和公民的身份，戴着手铐脚镣，没有人再叫他们的名字，而是叫"647""918"或"5707"之类的代号。

而那9名被选作看守的大学生则是一身帅气笔挺的卡其制服，腰里揣着警棍、手铐，胸前挂着口哨，戴着黑色的雷朋太阳镜。尽管没有经过任何专门的职业训练，他们只是从电视、报刊上见过看守的样子，但这9名看守绝对可以以假乱真。

津巴多老师告诉他们看守的职责就是"维持监狱法律和秩序"，不要把"罪犯"的胡言乱语当回事，例如，"罪犯"说禁止侵犯人权之类的话，但是不可以使用暴力去维持监狱秩序，同时所作所为还要尽可能地真实。

仅仅过去了一天，看守们就实施了第一次惩罚。如果谁忘记指示或者床铺整理不合理，就要做10个、20个甚至30个俯卧撑。不料，囚犯们都把自己关在牢房中，拒绝接受体罚。可以揣测，这些大学生一定在想，我又不是真正的罪犯，只是来这里做实验的，为什么要听你的话。他们还撕掉囚服上的编号，拒绝服从命令，希望取消看守。整个监狱里面弥漫着十分紧张的气氛，面对囚犯的反抗，看守们也施展出了对策。他们用灭火器喷射囚犯，将他们赤身裸体地锁在床腿上，甚至关禁闭。很快，这样的惩罚超出了囚犯忍受的极限，一名囚犯开始失声痛哭，大喊"我受不了了"。津巴多老师被弄得不知所措，只好让他退出了实验。

经过了前一日的对峙，监狱里面臭气熏天，肮脏无比，囚犯们也死气沉沉的。为了惩罚不听从命令的人，看守不允许他们上厕所。为了让实验显得更加真实，津巴多老师告诉看守们，昨日被放出的那名囚犯企图帮助狱友们越狱。这一消息无不使监狱里面的紧张气氛升至白热化。看守们一个个草木皆兵，高度警惕，囚犯们激动无比。

第三天，监狱里面紧张的气氛依旧。看守们的惩罚措施越来越别出心裁，他们开始强迫犯人玩跳山羊，背着自己的狱友做俯卧撑。这时，又有一名犯人出现了严重的歇斯底里症状，津巴多老师赶紧释放他。在这三天中，这已经是第五个退出的。

实验继续，看守们花样百出，更加肆无忌惮地折磨囚犯。看着这一幕幕残忍的情景，津巴多老师的信心也在动摇，直到他发现看守们在强迫两名囚犯模仿动物交配时，他立马下令终止实验，比预期计划早了9天。

为什么六天时间就可以让9名身心健康、遵纪守法、有文化的大学生变成了惨无人道的看守警察？

事后实验中的一名看守自述，"我一直在想，我必须看住他们，以免他们做坏事"。还有的看守表示，"一旦你穿上制服，就好像开始扮演一个角色，你不再是你自己，你的所作所为要与你扮演的角色所代表的职责相匹配。"

而囚犯们也表示，在实验的第三天，他们真的觉得低人一等，无法改变现状。就像我们军训时会把自己当成一个真正的军人一样，他们入戏了，把自己当成了囚犯。环境的压力，的确能改变很多东西，可以让9个好人干出可怕的事情来。就像上帝最宠爱的天使路西法也会变成堕落的恶魔"撒旦"一样。

津巴多老师说道："这个实验解释了我们生活中的很多问题。由于对于自己角色的认识，我们会过度服从他人的安排。比如，一个护士可能觉得医生开出的剂量远远大于规定的剂量,却因为职业的原因而不敢提出异议;25%的飞机失事都是源于副机长过度服从机长的错误判断。"

(见图16-3)

> 人的行为乃至于心理,是会随着扮演的社会角色变化而变化的!

当然,津巴多老师还是乐观地指出,通过我们自身的意志力,我们可以抵制住周边环境的压力,废奴主义者马丁路德金就是一个很好的例子,在黑人受到美国人深度歧视的时候,他站出来带领大家讨回黑人本该有的权利。

图16-3 社会角色影响人的心理

"履行职责这的确是我们的义务,但很多时候,还是需要我们根据具体的情况来灵活地改变原来的做法,或是坚持内心的想法,保持一颗积极的心。"津巴多老师说。

第三节 哪个国家的人最乐于助人

津巴多老师说:"一位社会心理学家让普林斯顿大学神学院的学生去准备一篇有关好撒玛利亚人的演讲。好撒玛利亚人出自基督教《新约圣经》里面的一个寓言,一个犹太人被强盗打劫,受了重伤,无力行走,只好躺在路边。很多人路过但却不闻不问,冷酷地走掉,最后被一个撒玛利亚人看到,并好心地出钱把他送到旅店。在那个时代,撒玛利亚人深受犹太人的蔑视,可这位撒玛利亚人却不顾这些隔阂去帮助他。后来好撒玛利亚人用来比喻那些乐于助人的人。"

夏楠说道："是呀，不错，我听过这个故事。普林斯顿大学神学院的学生也将陷入类似的处境。每一个从准备室走去演讲厅的学生都会遇到一个跌倒在走廊里咳嗽不止的陌生人。显然，这个人是急需帮助的。在没有他人的情况下，所有的学生都将面对同样的一个问题：是停下来，像好撒玛利亚人那样伸出援助之手，还是置之不理，去完成那篇《好撒玛利亚人的重要性》的演讲。"

津巴多老师说道："不错，大多数有着充分演讲时间的学生都会选择去帮助这个陌生人，然而，值得我们注意的是，90%的将要迟到的学生却没有停下来给予别人帮助。因为他们以未来时间作为导向，满脑子想的都是不要误了演讲，虽然他们是来自神学院的学生。这样的举动明显与他们的职业不相符，他们既然选择神学院就表明他们将要为他人奉献一生，理应去帮助那些受苦受难的人群。"

津巴多老师对于这个实验中的学生行为上的差异给出的解释是对时间的掌控不同，那些愿意为陌生人提供帮助的学生往往都有着充分的演讲时间，而那些大步走掉的学生却面临着快迟到的危险。

正是一个微妙的时间上的差异，导致他们行为的不同，促使这些学生做出了连他们自己都觉得过分的事情。不过，现实社会远比这项实验要复杂得多。津巴多老师从这一点入手，为我们讲述了不同的生活节奏与是否乐于助人的关系。（见图 16-4）

以美国为例，波士顿、纽约和华盛顿这些东部城市的生活节奏是最快的，南部和西部的城市则相对较慢，而加利福尼亚州的洛杉矶是生活节奏最慢的城市。

同时，根据调查，津巴多老师为我们列出了这些城市中的人做以下事情的可能性：把人们不小心丢失的钢笔归还，帮助腿上打石膏的人捡起掉落在地上的杂志，扶盲人过马路和帮助陌生人换零钱。

结果和刚才的好撒玛利亚人的心理实验一致，在生活节奏最快的城市里面，人们最不乐意为他人提供帮助。纽约州的罗切斯特市在美国东北部，生活节奏较慢，被评为全美最乐于助人的城市，而纽约市在生活节奏榜上排名第三，是全美最冷漠，最不愿意为陌生人提供帮助的城市。

另一点需要我们注意的是，加利福尼亚州的城市往往生活节奏不是那么快，但依旧拒绝给别人提供帮助。由此可见，生活节奏慢是乐于助人的一个必要条件，但并不是一个充分条件。他们可能有时间去帮助别人，但他们更愿意去帮助自己。

津巴多老师说道："让我们再来看另外一个例子。2012 年 1 月，汇丰银行为了确保自己的产品可以满足当地居民的需求而发布了侨民调查表，分别在各国询问了那里的移民与当地居民建立友谊、学习当地语言、融入当地社区以及适应新环境新文化的难易程度，而且还根据调查的情况制作出了一个'哪个国家的居民最幸福'的排名。"

津巴多老师笑眯眯地告诉大家，结果出乎意料，位居榜首的

> 一个微妙的时间上的差异，会导致人们行为的不同，促使一些人做出了连他们自己可能都觉得过分的事情。

图 16-4　时间与行为

居然不是像美国、英国这些有着高端科技和丰富机遇，可以让年轻人大展身手的国度，而是新西兰。

无论是移民还是当地居民，他们总体的幸福指数高得惊人，这就要归功于新西兰这片土地上的种种优点。比如，当地政府的高质量服务，完善的医疗保险系统，低廉的物价，等等。

正是由于这些因素，新西兰居民的生活节奏很慢，他们无须花费太多精力、时间在生存上，可以安逸、舒适地享受生活。生活在这样一个环境中，居民的幸福指数怎么可能会不高呢？

而排名第二的是中国人移民率最高的澳大利亚。众所周知，澳大利亚人民有着十分悠闲的生活方式，非常慢的生活节奏，在别的国家的居民在埋头工作，为了下个月的生活费而绞尽脑汁、筋疲力尽时，澳大利亚的人却在悠闲地陪家人散步，聊天，钓鱼。他们的业余生活远远要比工作丰富多了。移民的幸福指数自然也无须担忧。

除了新西兰和澳大利亚之外，南非居民的生活在幸福、舒适这方面也是数一数二的。那里的移民表示南非各族群的融合以及自由的社会气氛让那里的生活也变得十分轻松。

另外，南非，尤其是开普敦这个城市，还囊括了世界顶级餐馆和备受赞誉的葡萄园，无疑，这些条件为南非成为一个备受欢迎的移民国家打造了良好的基础。

津巴多老师说道："介绍完了排名的前三甲之后，我们要思考一个问题，就是这个幸福指数排名与乐于助人之间的联系。"

多数情况下，我们拒绝帮助别人是因为两个原因：害怕被敲诈和没时间。近几年，无论是新闻联播、微博还是春晚小品，都在反映同一个问题——帮不帮。看到一位老人摔倒在地上，你帮不帮？如果不帮，你将会受到良心的谴责；但是，如果你

伸出了援助之手,很有可能你会被诬陷,甚至还要赔上一大笔钱。(见图 16-5)

可是,由于新西兰、澳大利亚和南非都有着非常人性化的法律和社会福利。这一点不但表明那里的居民不会因为害怕被诬蔑而对需要帮助的陌生人睁一只眼闭一只眼,而且间接地告诉我们,三个国家里的居民根本无须为生存担忧,更不会像中国某些老人一样为了钱财而去陷害好人。

图 16-5　扶不扶

从宾夕法尼亚大学的那个好撒玛利亚人的实验中,我们还了解到,一个人会因为时间紧迫而忽略那些正需要帮助的人。在像中国、美国这样的国家中,可能会有人为了一套房子而省吃俭用好几年,每天为了工作而朝风暮雨。

而在新西兰、澳大利亚和南非这三个国家中,人口和面积的比例相比于一些发达国家要低很多,失业率低,医疗保健和社会福利系统健全,享有着极低的犯罪率和贫困率。而且澳大利亚和新西兰跟世界的其他部分相隔甚远,这就表明他们也会远离很多压力和竞争。

津巴多老师说道:"依照时间心理学,这三个国家的人都处于享乐的现在时间导向,因为他们不用为衣食住行发愁,钱永远够花,所以当你无须匆匆忙忙地去赶地铁、想工作的时候,遇到了路边有困难的人,为何不停下来去给予帮助呢?"

汇丰银行的调查还显示了,根据最友善的国家排名,印度已经连续两年垫底了。对于绝大多数外国人来说,印度是一个冷酷无情的雷区,光是日常生活就充满了各种挑战。我们在电影《贫民窟的百万富翁》曾经一睹印度的风采。

游客开车去印度旅游，一转眼整个车被大卸八块，轮子、方向盘以及所有可用的东西全被偷走了，见此情况，那个十几岁的导游小孩直接被上司一拳揍到地上。印度严峻的气候环境和密集的人口直接导致当地居民需要面对很大的竞争压力，更何况印度还是一个发展中国家。

当一个国家中将近一半的人都处于食不果腹的情况下，谁还有心去关注你的生死存亡呢？就更不用提乐于助人之类的词语了。印度的人民大多数处于未来时间导向，他们思考的都是明天的钱该怎么办？食物从哪里来？无心，也无力去帮助他人。

津巴多老师说道："现在，我们对各个国家乐于助人的情况应该有了一个大致的了解，是不是已经开始考虑要换个城市或国家生活了？其实，一个国家乐于助人与否并不是关键，最重要的是你期待的生活是什么样子的。若你生来就喜欢安逸、轻松的生活，可以选择那些生活节奏较慢、压力小的地区；相反，若你热爱挑战，喜欢追求刺激，想过大起大落的生活，就去那些有着高标准、高竞争压力的地区。"

津巴多老师鞠了一躬，说道："好了！今天的课程到此结束。各位，希望你们都通过对心理学知识的学习变得快乐。再见！"

参考文献

[1] 白新欢.弗洛伊德无意识理论的哲学阐释[D].上海：复旦大学，2004.

[2] （奥）弗洛伊德.释梦[M].车文博，主编.吉林：长春出版社，2004.

[3] （苏）巴甫洛夫（И.П.Павлов）.巴甫洛夫选集[M].吴生林等，译.北京：科学出版社，1955.

[4] 杨韶刚.存在心理学[M].南京：南京师范大学出版社，2000.

[5] （美）马斯洛（AbrahamH.Maslom）.马斯洛人本哲学[M].成明，译.北京：九州出版社，2003.

[6] （美）马斯洛（Maslow，A.H.）.林方，译.科学心理学[M].昆明：云南人民出版社，1988.

[7] （英）夏普（Sharpe，E.J.）.比较宗教学史[M].吕大吉等，译.上海：上海人民出版社，1988.

[8] 叶浩生.西方心理学的历史与体系[M].北京：人民教育出版社，1998.

[9] （美）BarryA.Farber，（美）DeboraC.Brink.罗杰斯心理治疗[M].郑钢等，译.北京：中国轻工业出版社，2006.